专业技术人员科研
方法与论文写作

张伟刚　张严昕　严铁毅　编著

国家行政学院出版社

图书在版编目（CIP）数据

专业技术人员科研方法与论文写作/张伟刚，张严昕，严铁毅主编. —北京：国家行政学院出版社，2009.4
ISBN 978-7-80140-764-1

Ⅰ. 专⋯ Ⅱ.①张⋯ ②张⋯ ③严⋯ Ⅲ.①技术干部—科学研究—研究方法 ②技术干部—论文—写作 Ⅳ.G312 H152.3

中国版本图书馆 CIP 数据核字（2009）第 056554 号

书　　名	专业技术人员科研方法与论文写作	
作　　者	张伟刚　张严昕　严铁毅　编著	
责任编辑	李锦慧	
出版发行	国家行政学院出版社	
	（北京市海淀区长春桥路6号　100089）	
	（010）68920640　68929037	
	http://cbs.nsa.gov.cn	
经　　销	新华书店	
印　　刷	北京市燕鑫印刷有限公司	
版　　次	2009 年 5 月北京第 1 版	
印　　次	2013 年 4 月北京第 2 次印刷	
开　　本	787 毫米×960 毫米　1/16 开	
印　　张	15	
字　　数	280 千字	
书　　号	ISBN 978-7-80140-764-1/G・43	

定　　价　28.00 元

内 容 简 介

  当今世界，科技进步日新月异，以信息技术、生物技术、纳米技术等为标志的全球科技革命蓬勃发展，知识的更新和技术的进步周期越来越短。面对这种快速变化的形势，专业技术人员应根据实际需求加快知识更新速度，迅速掌握最新技术，不断提高适应能力，以期更好地应对面临的挑战。本书根据专业技术人员的工作特点，结合科研实际，重点论述了科学与科研概念、科研基本程序、选题原则与规程、典型科研方法、科研思维方式、科研方法实践、学术会议模式、论文写作方略、论文投稿与发表、知识产权与保护、学术腐败治理等。通过典型科研与论文写作示例，分析科研成功经验、失败教训以及论文撰写方略，归纳、提炼具有科研与论文撰写指导意义的观点和方法，为读者学习和实践科研方法提供参考，帮助初学者在科研领域尽快入门，在实践过程中学以致用，取得实际成效。

  本书结构由科研方法、论文写作和知识产权三部分组成，全书共分十章，各章内容相对独立，并附有总结要点和思考习题，读者可根据学习和工作需要进行选读或选学。在教学过程中，教师可根据实际需要进行选章教学。读者（包括学员）亦可根据学习和工作需要进行选读或选学。

目　　录

绪　论

——专业技术人员学习科研方法与论文写作的目的及意义

科学技术是推动社会发展的强大动力,依靠科学技术取得的巨大成就正深刻地影响着各个国家的政治、经济和军事实力。科学技术的进步和发展,极大地拓展了人们的实践空间和认知范围,深刻地提升了人类辨识真理和理解自我的能力。特别是现代科学技术,已经从根本上改变了人类的生产方式、产业结构、经济体系、社会形态、思维模式和生活质量。

科学研究和技术开发,是人类的一种创造性的活动。科学研究和技术开发的生命在于创新,创新是科技发展的前提。当今世界,是一个比以往任何一个时期都需要创新品质与能力的世界。随着知识经济时代的到来,人们所面对的竞争压力将比任何时代都要激烈。是否具有创新能力,已经成为衡量一个人、一个民族乃至一个国家是否具有竞争力的重要标准。面对纷繁的世界和复杂的局面,是否具有创新能力,对一个人来说,将影响其个人的前程和发展;对一个民族而言,则关系到其能否屹立于世界民族之林。一个国家如果缺乏创新能力,就难以将先进的理念、深邃的思想以及新颖的设计转化为国力的提升,崛起成为强国的梦想就很难实现。

探索未知世界,从事科学研究和技术发明创造,是没有现成的光明大道可走的。方法正确,事半功倍;反之,轻则事倍功半,重则惨遭失败甚至造成严重损失。正如弗兰西斯·培根所言:"跛足而不迷路的人能够赶过虽健步如飞却误入歧途的人。"

实施科教兴国战略,关键在于人才。而高质量的人才,特别是专业技术方面的人才,不仅需要具备扎实的专业知识和实践技能,更要掌握从事科学研究与技术开发等创新工作的科研方法,以及将新思想、新概念、新设计、新成果提炼、整理成为科研论文的技巧。专业技术人员,特别是立志在专业领域建功立业的科技人员,若能够学习并掌握科研方法,则可以在科学研究和技术开发中增强自觉性,减少盲目性,促进早出成果、出高质量的成果。

一、专业技术人员

1. 专业技术资格

按照国家统一规定进行评定或通过全国统一组织的专业技术资格考试所取得

的资格,称之为专业技术资格,它是专业技术人员水平能力的标志。专业技术资格认证(或评判)标准如下:

(1)获得技术职称或等级证书;

(2)具备专业技术知识和技能;

(3)从事专业技术工作或与之相关的工作。

2.专业技术人员

专业技术人员,一般是指具备专业技术知识和技能、具有专业技术资格并从事专业技术工作的人员。专业技术人员范畴可从以下两个角度考虑:

(1)一般范畴:在工程技术、农业技术、科学研究(包括自然科学研究、社会科学研究及实验技术等)、卫生技术、文化艺术等领域中具有坚实理论基础和实际操作技能的人员。

(2)具体范畴:在行政机关、事业、企业单位中工作的各类专业技术人员:

① 在行政机关、事业、企业单位专职从事工程技术、农业专业技术工作的技术员及以上者;

② 从事卫生技术工作的医(护)士及以上者;

③ 从事科研工作的研究实习员及以上者;

④ 各类学校(不包括幼儿园)的教学工作者;

⑤ 从事财会、统计、经济工作的会计员、统计员、经济员及以上者;

⑥ 从事编辑工作的助理编辑及以上者;

⑦ 从事新闻工作的助理记者及以上者;

⑧ 从事播音工作的三级播音员及以上者;

⑨ 从事图书、档案、资料管理工作的管理员及以上者;

⑩ 从事工艺美术工作的工艺美术员及以上者;从事文学、艺术、电影创作、评论、编导、演员、演奏员、舞美设计、音乐指挥等文艺工作的专业人员。

二、学习目的及意义

1.专业技术人员需要学习科研方法

"科学技术是第一生产力",专业技术人员是人才队伍的重要组成部分,是社会经济建设的一支重要力量。加强专业技术人才队伍建设,提高专业技术人才素质,培养一大批高级专业技术人才,并依靠这些人才推动全社会科学技术的发展与应用,是实施人才强国战略的重要途径。

当今世界,科技进步日新月异,以信息技术、生物技术、纳米技术等专业技术为标志的全球科技革命蓬勃发展,知识的更新周期和技术的进步周期越来越短。面对这种快速变化的形势,专业技术人员必须根据实际需要,加快知识更新速度,迅速掌握最新技术,不断提高适应能力,以期更好地应对面临的挑战。为此,专业技术人员需要学习基本的科研方法,掌握正确的思维方式,结合专业技术工作实践,多注意观察(包括直接观察,凭借人的感官感知事物;间接观察,借助于科学仪器或其他技术手段对事物进行考察)、总结前人从事科学研究和技术发明所采用的成功方法。而《专业技术人员科研方法与论文写作》恰好能够给专业技术人员提供一些非常必要的科研方法和基本的研究技能,为专业技术人员尽快了解科研工作过程、掌握科研论文写作技能以及今后从事科研工作提供方法上的引导和支持。

专业技术人员在从事本职工作的过程中,一方面需要不断补充新的知识,开阔视野,拓展自身的发展空间;另一方面,更需要注意科研方法和思维方式的吸纳,这对提高自身的科学素养非常必要。要结合专业技术工作,在参加科研项目研究中,寻找能够提高自身科研能力的结合点。对于有志在科研方面深入发展的专业技术人员,应结合本职工作早做准备,设计并开拓适合自身发展的科研之路。为实现上述目标,专业技术人员在脚踏实地、努力工作的同时,尚需对运作程序进行认真思考与精心设计。例如,在工程设计实践中,要多思考如下一些问题:该设计是否有新的理念?设计标准是如何确定的?具体实现方法是怎样的?该设计方案中的试验操作规程是怎样的?如何操作才能使该试验做得更精细?试验过程记录是否准确、详细和完整?试验结果的重复性如何?测试结果与理论预期值是否相符?等等。总之,在方案设计和试验操作过程中,多问几个为什么,多想一些解决办法,能够有效地促进研究能力的提高。

要想学习科研方法,最好的途径就是亲身体验研究过程,多参加科研实践,在具体的科研项目研究过程中体会、感悟科研方法的精妙!对专业技术人员来说,多了解一些做研究的知识和方法,多与不同的专家和学者接触,多向成功人士请教,能够从中发现自己的不足,尽早弥补缺漏,从而更好地发展自我。如此,即可有效地避免在接手研究工作时处于不得不临时抱佛脚的尴尬境地。

2. 专业技术人员需要掌握论文写作技能

专业技术人员所从事的工作,是与科学研究密切相关的专业技术工作,一些课题研究和技术开发更是直接来源于科研项目。从事这类工作的专业技术人员,实际上已经迈入了科学研究领域的大门。倘若对科研方法事先有一些基本的掌握,那么在课题选择及项目设计工作中,就会处于比较有利的地位。

本书作者在高等院校曾经就科研方法相关知识了解的情况,对一些研究生(硕士生、博士生)进行了调查,发现:对科研方法有所掌握的研究生,在项目研究中进展通常会快一些;而对科研方法了解不足的研究生,进展则相对缓慢。有科研经历的研究生,在项目研究中出成果的速度,要比没有科研经历的研究生更快一些。这充分说明,了解与掌握科研方法,能够有效地提高创新性工作与实践的效率,推动项目的进展与成果的获得。

近年来,各高等院校和科研机构在培养研究生的过程中,对科研方法的传授和实践应用已愈来愈重视。用人单位在招收专业技术人员时,不仅对学历和经历有所要求,还要测试应聘者分析问题、处理问题的能力。尤其是应聘者处理问题所采用的方法和解决方式,已愈来愈为用人单位所关注。那些掌握了基本科研方法和必备研究技能的研究生,成了用人单位竞相争抢的目标。因此,对于即将步入专业技术领域的人员,学习各项科研实践技能并掌握对实际问题的处理方法,是相当重要的。即便对于那些已经在相关技术岗位上工作了一段时间的专业技术人员,学习一些相关科研实践技能,对其所从事的专业技术工作也会有较大的帮助。

论文写作,是科研技能中非常重要的一项基本技能。在当今社会,要想推出科研成果,发表科研论文是最有效的途径之一。对于专业技术人员,在课题研究与项目设计中所取得的结论与方案,必须以相应的结题报告或设计方案表述出来;在实践中所取得的创新性成果与发明,也需要以一定的正规形式(如论文、专利、样品或样机等)发表与记载。而这些结题报告、设计方案、科研论文的写作原则基本一致,写作方法亦大体相同。期刊论文、学术著作和会议论文撰写的技巧以及修改、出版的程序也有很多相通之处。拥有较强的论文写作技能,不仅能够使专业技术人员准确地描述自己的成果,还可以帮助他人了解该成果的取得过程,从而促进其在科研方面的发展。因此,学习并掌握论文写作技能,对于专业技术人员在科研及其实践方面的发展,具有非常重要的推动作用。

三、本书结构和特色

1. 层次结构

本书结构针对专业技术人员特点而设计,主要分为三大部分。第一部分为科研方法篇(第一章至第六章),主要阐述科研的基本概念、选题规程、典型科研方法、思维方式以及科研方法实践等内容;第二部分为论文写作篇(第七章至第九章),主要论述科研论文的基本知识、写作方略、投稿及发表规程等内容;第三部分为知识产权篇(第十章),主要阐述知识产权的基本知识、保护措施以及学术腐败治理等内容。

本书中,各主要部分内部各章既相对独立,又紧密联系;三大主要部分的内容相辅相成、互为促进。各个章节的主要内容简述如下:

第一章"科学研究概述"主要介绍科学及科学研究的基本概念、科研特点及意义、科研基本步骤和科研入门需准备的知识和技能。

第二章"科研选题规程"主要介绍科研课题的类型和来源,阐述科研选题的原则与方式。通过典型示例阐述科研选题的程序及其策略等。

第三章"典型科研方法"主要论述科研方法的概念、层次和作用,通过典型示例分析、论述科研的逻辑方法、经验方法、数理方法以及现代方法等。

第四章"科研思维方式"主要介绍科研思维的概念、价值和层次,阐述典型思维类型以及创新思维训练方式。通过典型示例分析,阐释发散思维、联想思维、反向思维、直觉思维以及灵感思维及其重要作用等。

第五章"科研方法实践"主要论述课题的申报、立项、研究、总结以及成果推出等科研实践要义。通过对典型科研示例进行分析,具体介绍有关课题研究过程中的经验和教训。

第六章"学术会议及报告"主要介绍学术会议的类型、特点及模式等基本知识,阐述学术会议报告提纲的撰写方略。通过国内外学术会议典型示例分析,阐述会议报告准备、参会注意事项等,列举了国际会议常用句法。

第七章"科研论文概论"主要介绍科研论文的概念、特点及类型等基本知识,阐述文献检索方式、三大检索工具、科研论文评价以及论文质量监控等。

第八章"科研论文写作"主要介绍科研论文写作的基础知识,通过典型论文和论著示例分析,具体论述有关期刊论文、学位论文和学术著作的写作方略。

第九章"论文投稿及发表"主要介绍论文投稿准备要求、修改答复策略以及论文发表规程等。

第十章"知识产权与保护"主要介绍知识产权的基本知识,阐述知识产权保护措施以及学术腐败治理等。

2. 主要特色

本书的主要特色可概括为"结构新颖,各章独立,面向实际,学以致用"。具体为:

(1) 结构新颖:本书在体系结构设计方面有所创新,基本构架分为三大部分,各部分均有其主题,所包含章节的内容均与主题紧密相关;各部分内容相对独立,亦存在内部关联。

(2) 各章独立:全书共十章,各章内容均具有一定的独立性。在教学过程中,教师可根据实际需要进行选章教学,读者(包括学员)亦可根据学习和工作需要进行选读或选学。

(3) 面向实际:本书内容针对专业技术人员编写,将相关科研知识根据专业技术人员的工作特点进行演绎,并结合科研实际编撰而成。书中的一些典型示例源于作者及所在课题组的科研工作实践,这些典型示例也是作者多年科研和教学工作的结晶。

(4)学以致用:学习的目的在于应用。本书提供了诸多科研示例,为读者学习和实践科研方法提供参考,帮助初学者在科研领域尽快入门,在实践过程中学以致用,取得实际成效。

3.写作目的

敏于思辨,成于方略。学习科研方法的目的,在于应用科研方法解决科研问题,减少科研工作中的盲目性,增强自觉性,提高研究效率,获得高质量的研究成果。作者结合多年的科研、教学以及管理经验,编写了这本专业教材,旨在为专业技术人员提供从事科研工作所需的科研方法和论文写作经验。同时,希望更多的专业技术人员以及初学者,通过对《专业技术人员科研方法与论文写作》一书内容的学习和实践,掌握必要的科研方法和基本的研究技能,提高科研素养,掌握科研论文写作技巧,不断提升综合能力,以期更好地应对面临的挑战。通过学习和实践先人创立的科研方法,借鉴前人的科研经验,吸取他人的失败教训,开拓出属于自己的一片科研之地,辛勤耕耘并取得丰硕的科技创新成果,为创造更加灿烂的人类文明做出自己的贡献!

第一章　科学研究概述

> 跛足而不迷路的人能够赶过虽健步如飞却误入歧途的人。
>
> ——[英]培根

第一节　科学及科学研究

科学是人们对自身及周围客体的规律性的认识。随着各种认识活动的不断丰富和深化,逐渐形成了对某些事物比较完整而系统的知识,科学由此而产生。

一、科学与科学认识

(一)科学的概念

"科学"这一概念,是随着人类认识的发展而逐步形成的。在古代,人类的认识水平不高,许多无法理解的自然、社会现象被归结为天意或神鬼之说,而这种认识又反过来束缚了许多正确认识的发展。随着对自然、社会、自身的认识不断地增加、积累与发展,人们将那些正确的认识分门别类地提炼、整理,并加以演绎,形成了一个完整的认识体系,真正意义上的科学由此而产生。随着科学的形成与发展,人类逐渐摆脱了神鬼之说的禁锢,进入了全新的发展时期。

1. 科学概念的形成

人们对科学的理解是伴随着社会历史的发展而不断演化的。在古代,人们对科学的理解很简单,只是把科学看作一种知识,这种观点在当今社会也有相当的影响。

在希腊文中,本无"科学"这个词,但有"知识"一词——"επιστημη"。后来,"επιστημη"就被赋予了科学的含义。在拉丁文中,"科学"一词源于"scio",后来又演变为"scientin"、"scientia",其本意就是学问或知识的意思。英文"science"、德文"wissenschaft"、法文同英文一样"science",皆由此衍生转换而来。

中国古代的科技水平较为发达,但形成"科学"概念并确定该名词则晚于西方。约 16 世纪,中国学者才将英文"science"介绍到国内,并翻译成"格物致知",简称"格致",意指通过接触事物而穷究事物的道理。

日本借用"格致"一词一直到 19 世纪下半叶,并将"science"译成"格致学",至产业革命兴起才译成"科学"。

1885 年,康有为(1858～1927)在翻译介绍日本文献时,首先把"科学"一词引入中国;1894～1897 年,严复(1854～1921)在翻译《天演论》、《原富》等名著时,也把"science"译成"科学"。

2. 科学概念的定义

科学的概念很难定义,在不同时期有着不同的解释。时至现在,为科学寻找一个完满、统一的定义已经非常困难。以下是几种对"科学"这一概念的解释:

①韦氏字典定义:韦氏字典(Webster's Dictionary)对科学所下的定义是:"科学是从确定研究对象的性质和规律这一目的出发,通过观察、调查和实验而得到的系统的知识。"该定义指出了科学的目的、方法和特征。

②广义科学概念:从广义上讲,科学是指人们对客观世界的规律性认识,并利用客观规律造福人类,完善自我。该定义指出了科学的目的和实用功能。

③前苏联大百科全书定义:对科学的解释是"科学是人类活动的一个范畴,它的职能是总结关于客观世界的知识并使之系统化;科学是一种社会意识形式。在历史发展中,科学可转化为社会生产力和最重要的社会建制。……从广义上说,科学的直接目的是对客观世界做理论表达。"该解释给出了科学的学术功能和社会功能。

(二)科学认识

人类的认识活动伴随着人类的整个发展历史,科学认识是其中重要的组成部分。自从完备的科学体系正式建立后,人类的科学认识活动便可以在已有科学原则与知识的指导下进行,这大大促进了科学认识活动的发展。

1. 科学认识层面

人类的科学认识活动范围广泛、层面深细,并且在不同的角度、层次和意义上进行,因此其划分标准亦有所不同。就认识的层面而言,认识活动可分为常规认识、科学认识和哲理认识三个层面。

(1)常规认识:属于表层认识,一般不涉及事物的本原,属于泛现象学的认识层面。

(2)科学认识:追求事物的本原,以探索事物的本质为目的,以发现事物的内在的、特定的规律为目标。

（3）哲理认识:是人们对事物规律性的高度抽象,是对事物普遍的、规律性的认识和把握,属于高级认识层面。

2. 科学认识类型

从继承和创新的角度分类,科学认识可分为传承性认识和探索性认识两大基本类型。

（1）传承性认识:以学习、继承、传播前人已有的知识为目的,包括科学教育、科学普及、科技情报工作等。

（2）探索性认识:以探索、发现、创立前人未有的认识成果为目的,包括科学发现、技术发明、工程设计活动等。

本书所阐述的科研方法,是针对探索性认识的科研活动而言的。而探索性的科研活动,其特点在于"创新",即能够提供新的科学知识和开发先进的技术。

3. 科学认识工具

科学认识工具是科研工作者借之以探索、发现科学事实(事物的现象),进而获取科学认识成果(客观规律)的工具。就有形(物质的)和无形(意识的)工具而言,科学认识工具可分为科研仪器和科研方法两种类型。

（1）科研仪器:属于科学认识的"硬件",即在科学认识活动中进行观察、测量、计算、存储信息的各种物质手段。如各门学科中使用的实验仪器、计算机等。

（2）科研方法:属于科学认识的"软件",即在科学认识活动中长期积累的、科学有效的研究方式、规则以及程序等。就具体学科使用的科研方法而言,有理工科研方法和社科研究方法之分。

二、科学研究及对象

1. 科学研究

科学研究是科学认识的一种活动,是人们对自然界的现象和认识由不知到知之较少,再由知之不多到知之较多,进而逐步深化进入到事物内部发现其本质规律的认识过程。具体而言,科学研究是整理、修正、创造知识以及开拓知识新用途的探索性工作。从这个意义上说,科学研究属于探索性认识范畴。

2. 科学研究对象

科学研究对象从广义上讲,是指客观世界(包括自然界、社会和人类思维)。本书涉及的科学研究对象主要是指某一具体学科的科学问题。

根据研究对象的不同,可以把科学大致分为自然科学和社会科学两大类。

（1）自然科学

自然科学是研究自然界的物质结构、形态和运动规律的科学,包括物理学、化学、生物学、天文学、气象学、地质学、农学、医药学、数学以及各种技术科学等,是人类生产实践经验的总结,反过来又推动着生产不断地发展。自然科学研究的对象是可控制的,因而可以用实验等方法进行精确分析。

(2)社会科学

社会科学是研究各种社会现象的科学,包括政治学、经济学、法学、教育学、文艺学、史学等。社会科学中的许多学科都属于上层建筑范畴。在阶级社会,社会科学有阶级性。社会科学研究的对象是不可控制的,影响因素之间相互作用,因而一般采用概率论或者模糊数学方法进行统计分析。

三、科研特点及意义

1. 科研的特点

科学研究具有两个显著的特点:继承性和创新性。

(1)科研继承性

科研继承性是指科研是传承、连续、终身学习的不断认识过程,是科研工作者一代一代进行探索、不断发现真理并累积科学知识的过程。任何人的任何科研活动,究其本源是站在前人的肩膀上不断向上攀登的过程。一个人的精力、智力和体力是有限的,但科学研究的探险队伍绵延无垠、前赴后继并不断壮大,摘取的科研果实丰富了人类智慧,壮大了人类技能,并继续为人类的进步铺设通天之梯。

(2)科研创新性

科研创新性是指科研工作者具有探索自然界奥秘的强烈兴趣,这种求是的理念是人们认识自然、理解自然、利用自然规律为人类服务的内在动力源泉。科学研究的生命在于创新,创新是科学发展的前提。科研工作者要充分发挥自己的才智(智商),在科研工作中磨练个人的意志和塑造品格,在学习、领会科研方法的同时,注意锻炼、提高科研工作的组织和协调能力(情商),为将来承担重点(或重大)科研课题做好准备。

2. 科研的意义

科研的意义主要表现为:创造学术价值、推动技术进步和促进社会发展。

(1)创造学术价值

科研意义之一是创造学术价值,这是最基本的意义。科学认识是一种探索未知、发现真理、积累知识、传播文明、发展人类思维和创造能力的活动。科研的目的在于发现新的科学现象或事实,阐释世间万物运动、变化的内在规律。通过科研活动,提出新思想、新概念,不断充实、更新已有的科学知识,创新科学体系,改进人类世界观,提升人类智能,丰富人类文明,促进社会进步。

进化论的发展,使人类摆脱了神创万物观念的禁锢;万有引力定律的建立,让人类能够真正掌握宇宙中星辰的运动;元素周期律的提出,使看似杂乱无章的元素世界变得井然有序;电磁理论的创立,使人类彻底认识了光的本质;量子理论的出现,打开了人类认识微观世界的大门;相对论的问世,让人类在经典力学的基础上更进一步。随着科学技术的发展,人类对自然本质的认识已经变得更加丰富、更加深刻。

(2)推动技术进步

科研意义之二是推动技术进步。通过科研活动,人类不但能够获取对客观世界规律的认识,而且能够运用已掌握的客观规律逐步地认识自然、理解自然和改造自然,并从科学认识活动中逐步完善自我。科研活动作为一种满足人类基本需求的技术手段,在人类社会发展进程中发挥了不可替代的作用。人类社会发展历史证明,每一次技术创新,都会对社会发展进程产生深刻的影响。

牛顿力学体系的建立、蒸汽机的发明和蒸汽技术的进步,加速了第一次技术革命的完成。麦克斯韦电磁学理论的建立、电机的发明和电力技术的进步,促进了第二次技术革命的完成。爱因斯坦相对论和哥本哈根学派量子力学体系的建立,促进了原子能、电子计算机和空间技术的进步,加速了第三次技术革命的进程。而激光技术、合成材料的兴起和超级计算机的研制成功,则刺激了光纤通信、新材料技术、生命科学等的诞生,有力地促进了现代信息技术、生物工程、新能源技术、空间技术、海洋开发技术、环境保护技术等高技术的发展。

(3)促进社会发展

科研意义之三是促进社会发展。科研活动是促进社会变革的主要动力之一,科研之所以具有促进社会发展的力量,是因为科研活动能够提供认识社会和改变社会的"物质手段"和"思想方法"。人们一旦掌握科学的理论和实践的技能,就能将其转化为改造社会的巨大力量。科研活动促进社会发展的方式,首先是科学知识和科学理论教育影响人们对自然和社会的科学认识;其次是通过技术革命改变人们的生活方式,间接地对社会产生影响;最后通过思想解放及思想变革直接地促进社会变革。

科研成就从大的方面考虑,对社会的进步的确是巨大的,其功绩不可否认。然而,科研成果也可能在某个历史阶段被不法分子、危险人物所掌控、滥用,这将对社会造成巨大的危害,阻碍社会的进步。例如,科研成果用于非正义战争或恐怖活动,会对人类文明造成极大破坏,这是应当特别引起注意并需采取坚决措施加以阻止的。

第二节　科研基本步骤

　　科学研究是一种探索性的艰苦劳动,也是一段复杂的实践过程和认识过程。科研最大的特点在于创新,科研过程绝不拘泥于固定不变的步骤。然而,在一般情况下,科研过程往往在大的方面包括几个相互衔接的环节,由此构成科研的基本步骤。所谓科研步骤,是指在科学研究中所采用的最基本、最有成效的环节。研究领域不同,科研步骤亦有所不同。在科研工作中,采用恰当的研究方法,并遵循有效的研究步骤,是事半功倍、获得正确研究结果的必要条件。

一、理工科研一般步骤

　　本书将理工科研一般步骤归纳、提炼为确立科研课题、获取科技事实、提出假说设计、理论技术检验与建立创新体系五个主要环节,如图 1.1 所示。

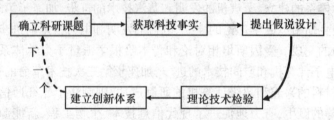

图 1.1　理工科研一般步骤框图

1. 确立科研课题

　　此阶段是整个科学研究中具有战略意义的阶段。科研课题的选择与可行性论证结果是否可靠,直接关系到科研的成败。科研工作者必须以实事求是的认真态度去发现各种问题,并从中归纳、提炼出具有科学研究价值的课题。

2. 获取科技事实

　　获取科技事实是课题研究的基础。该阶段的主要工作是按照课题的需求,对科学事实或技术资料进行收集和整理。对所收集的资料,要分门别类地登记、存档。对于那些待验证的资料,一方面要运用理性思维对其进行分析和研究,去粗取精;另一方面,若条件许可,应设计相关的实验对其进行检验,以确定所获资料的可信程度。

3. 提出假说设计

　　在获得关于研究对象大量、重要的感性材料和实验事实之后,首先要运用逻辑思维、形象思维、直觉思维等方法对其进行科学抽象,形成科学假说或提出技术设计;然后,对在研究过程中所发现的现象及其变化规律给出假定性的解释和说明,或者对技术进行原理性、革新性设计。这是从经验上升到理论、由感性上升到理性的飞跃阶段,也是技术改进、技术革新的关键阶段。该阶段的工作至关重要,直接决定了课题研究是否具有创新性。

4. 理论技术检验

该阶段的主要任务是对已提出的假说进行理论证明、实验验证和技术检验,从中发现问题,修正不足,补充证据,改进技术,使科学假说逐渐发展成为科学理论,使旧有技术逐步提升为具有"高科技含量"的先进技术。

5. 建立创新体系

该阶段是把已确证的假说同原有的理论协调起来,统一纳入到一个自洽的理论体系或技术体系之中,使其形成结构严谨、内在逻辑关系严密的新理论体系(科学体系),或者建立起具有技术承接、转换连续的新技术体系。该阶段最能够反映出科学研究的创造程度和技术研发的创新效度。

在完成一项科研课题后,最好及时对这一阶段的工作进行总结,以便积累科研经验,如哪些地方做得比较成功,哪些地方做得还不够好;有哪些地方走了弯路,又有哪些地方走了捷径,等等。毕竟,科研工作中的每一次成功或者失败,都包含着诸多值得回味、检讨和提高的经历;而对这些经历的总结,则与科研经验的增加密切相关。

二、社科研究一般步骤

社科研究不同于理工科研,其主要原因在于二者所处的发展阶段、研究对象以及解释能力等要素均有所不同。本书将社科研究一般程序归纳、提炼为提出研究课题、收集整理资料、资料分析判断、提出研究论点与结论检验推出五个主要环节,如图1.2所示。

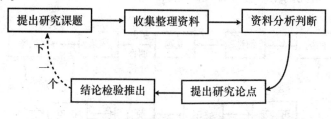

图1.2　社科研究一般步骤框图

以社会调查为例,它一般包括以下五个步骤:确立调查课题,设计研究方案,资料收集整理,资料分析判断,撰写研究报告。其中,前两个步骤是调查前的准备工作。于是,社会调查的一般程序可以划分为四个阶段,即调查准备阶段、调查实施阶段、分析研究阶段和总结应用阶段。

1. 调查准备阶段

准备阶段对于一项调查具有重要的意义,如果准备工作比较充分,就能抓住现象中的关键问题,明确调查的中心和重点,避免盲目性,使调查的实施工作顺利地开展,进而使调查具有更大的理论价值和应用价值。

2. 调查实施阶段

调查实施阶段是整个调查过程中最重要的阶段,其主要任务是利用各种调查方法收集相关资料。调查实施就是直接深入社会生活,按照调查设计的内容和要求,客观、准确、系统地获取第一手资料,资料的客观性、准确性是课题研究成功的基本保证。

社会调查的主要方式有统计调查和实地研究两种;调查的具体方法有问卷法、量表法、个别访谈法、座谈会、现场观察、测验法、文献法等。

3. 分析研究阶段

分析研究阶段是从感性认识飞跃到理性认识的阶段,它不仅能为解答实际问题提供理论认识和客观依据,找出问题的症结所在,而且还能为社会科学理论的发展做出贡献。

4. 总结应用阶段

总结应用阶段实际上是返回研究的出发点,对社会领域中某一理论问题或应用问题进行解答,以便深化对社会的认识或制定解决问题的方针、政策和措施。

由上述分析可知,社会调查的四个阶段是一个相互关联的、完整的循环过程。

三、课题研究基本程序

由上述理工科研一般步骤和社科研究一般步骤,本书以问题为研究起点,归纳、提炼出课题研究的基本程序如图1.3所示。

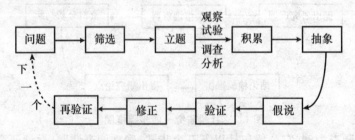

图1.3 课题研究基本程序框图

科学研究就是这样周而复始、循环往复地进行的,其中各个相互联系的阶段体现了科学研究的逻辑过程。因此,科学研究是一个永无休止的过程。

在科研方法的学习与实践中,要结合科研实际,探索适合本学科、本领域的科研方法并加以有效使用,这是研究者获得成功的必要条件。

如图 1.4 是本书作者在汲取有关科学研究一般程序的基础上,根据科研经验构建并使用的科研工作流程图。该流程图具体含义如下:

1. 需求分析

科研工作开展的前提是根据实际需求进行可行性调研,这种需求有军用与民用之分,后者主要由市场需求决定。研究者根据调查获得的第一手信息,经过去粗取精,归纳整理,从中提炼出适宜的科学问题进行课题申报。

2. 立项审查

科研人员需将科研立项报告上报科研主管部门,期间要经过资格审查、专家组评审、课题组答辩等必要程序。若答辩顺利通过,则经主管部门批准,该课题准予立项。

3. 构建方案

课题立项后,接下来要进行研究方案的构建和具体设计。设计的方案要以一定的形式(如原型化模型)征求有关用户(或未来用户)的意见,获得反馈意见后需经若干次修改方可定稿。

4. 实验探索

对于自然科学领域的研究课题,一般需要做许多实验。在实验探索阶段,需精心设计有关操作步骤,尽量考虑到各种因素对实验结果的影响。关键性问题:一是寻找对输入参量敏感的变量并能转化为可实际检测的参数;二是剥离有关复合因素,强化有用因素,弱化无关因素。由实验得出的结果需经理论、技术及用户等各方面的检验,该过程可能需要多次反复才能完成。

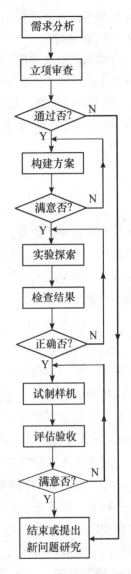

图 1.4 科研工作流程图

5. 试制样机

若实验取得了预期成果,即可进行样机试制。此阶段需适当调整有关参数,使样机满足既定的各项技术指标。制作的样机需报请有关主管部门、技术监督部门及用户进行联合评估。如未达到要求,则须重复上一步骤直至达到要求为止。

6. 评估验收

样机试制成功后,须提交主管部门会同专家组进行评估验收。通过验收后,即可以小批量试生产。根据市场销售情况及用户反馈意见,改进有关设计及制造工艺,使产品的质量与效益进一步完善和提高。至此,该项目结题,可以进入下一周期的课题立项与研发工作。

第三节　科研入门准备

经验表明,从事科研工作需要具备一定的条件。对于刚刚迈进科研大门的专业技术人员或初学者,不仅需要掌握扎实的专业知识,了解课题研究的基本程序,还要在实验技能和技巧方面进行专业培训,尤其重要的是学习发现问题、提炼问题并着手解决问题的方法和策略。这样,才能在科研工作的道路上向着既定的目标踏实地迈进。

一、专业知识学习

科学研究是一种艰苦的知识探索性劳动,没有专业知识、不掌握科研技能就无从做起。学习,顾名思义,"学"者,泛指对知识及理论的汲取,并不断积累,逐步建立起知识的结构及大厦;"习"者,泛指经常复习与练习,温故而知新,实践得真谛。专业知识的学习是从事科研工作的第一要件,必须在平时打好基础。临阵磨枪不仅被动,而且很难取得惊人的科研成就。

对于专业知识的学习,初学者还应做到以下四个方面:

1. 学无止境,常学常新,常研常进

科研工作者是一个勤奋的群体,由于必须使自己跟上知识的发展步伐,因此对知识技能的学习是永无止境的。要不断根据科研需要,及时补充、吸纳与课题研究有关的专业知识和科研信息。知识常学常新,科研常研常进。正所谓:活到老,学到老,研究到老。在学习科研方法的同时,也应当阅读一些有关科技史的文献以及科学家的传记,从中了解科学技术的发展脉络和科学家的发明创造经验,学为所用,以之指导科研工作。

2. 对本专业的经典文献要精读细研

对科研资料的阅读需要精心安排,保证有计划、有目的,以达到事半功倍的效果。不应对已得到的文献平均分配时间阅读,而要对本专业的经典文献(教材、专

著、学位论文、期刊文章、说明书等)加以精读细研。并且,不要受既定思维方式的束缚,要带着问题去研读、反复读。一有所得,应立即记录,避免遗漏。

3. 批判性阅读,独立性思考,切忌因循守旧

阅读已经发表的文献时,不应盲从,应该理性、批判性地阅读,这包括论文提出的研究方法、理论推导、方案设计、实验结果、分析讨论、某些结论及推论等。要提倡阅读中的独立性思考,不因循守旧,阅读时要多问几个为什么,并试图给出自己的解答方案或设想。

4. 要把专业知识的学习与课题研究相结合

科研的目的在于创新,以获得前人未发现或者研究未达到高水平的科研成果。要把专业学习与课题研究结合起来。有些专业知识是随着课题研究的需要而临时增加的,因此,任何一个研究者在课题研究之前,都不可能把课题研究所需的全部专业知识学到手,更多的时候还需要结合课题及时补充相关专业知识,即边干边学,干中学,干中用。只学不用,等于空谈理论;只干不学,则课题研究不能深入,研究工作走不远。

二、专业技能培训

科研工作者从事科研工作,需要进行专业技能培训,掌握科研工作所必须的仪器使用和操作要领,才能参加科研工作。否则,若不了解、不熟悉专用实验仪器和设备,轻者会对仪器和设备有所损害,重者可能导致人身伤害,甚至出现生命危险。尤其是对于那些高精密、易损坏的实验仪器,则更需要进行专门的学习和培训,这是从事与实验密切相关的研究人员所必须注意的一项要求。而对于那些掌握了本专业基本操作技能的专业技术人员,也应当根据科研工作的需要,及时学习并掌握新的仪器和设备的性能和使用方法,以满足新课题研究的需要。

对于专业技能培训,应做到以下三方面。

1. 初学者应请教本行中有经验者

科研工作需要积累实践经验,科研经验尤其是实践技巧,是保证课题研究顺利进行的前提条件。作为初学者,应虚心请教本行中有经验的研究人员,特别是那些经验丰富的专业技术人员。技术专家或者资深技术人员,掌握着该领域最先进的实验仪器、设备的性能和操作技巧。经验表明,有些看起来不很先进的仪器和设备,在技术专家或者资深技术人员的操作下,能够加工出精度很高的器件,或者做出非常精巧的实验并测量出准确的实验数据,而初学者则很难在短时间内达到同样的水平。对此,年轻的专业技术人员必须引起足够的重视,要虚心向技术专家或

者资深技术人员学习、请教,努力掌握这些技巧和"诀窍"。须知,成熟的方法和经验会引导你在科研道路上少走弯路,至少会使你避免一些科研阻碍。

2. 参加专业培训,聆听高水平报告或讲座

参加专业培训,可以直接获取技术专家的技巧和"诀窍",并可以当面请教一些疑难问题,对提高实验技能大有好处,也是获取科研技艺"绝招"的有效途径;聆听高水平学术报告或讲座,可以直接获取最新的研究进展、最新的技术动态信息,同时可以亲身感受科研前沿动态并接触最先进的仪器和技术。与科学家或从事科技的技术专家直接接触,有助于初学者了解怎样提出创新思想、设计新概念、如何通过借鉴别人的工作获得本领域研究工作突破的方式或方法。

在参加专业培训、聆听高水平报告或讲座的过程中,要做一个有心人,及时地将专家介绍的有价值信息、研究方法、技术技巧等内容记录下来,并结合自己的研究工作,从中分析、提炼出有助于启发、解决本课题的思路、方法、设计及方案等要素。

3. 学习研究报告、科研论文写作规范和技巧

科研的目的是发现别人未发现的真理,而公开出版的国内外学术期刊,则是确认这种科研成果的正式而有效的主渠道。因此,具备研究报告、科研论文写作规范和技巧,是科研工作者的必备素养之一。

研究报告是科研人员在课题研究过程中,对所发现的科学事实或技术创新的阶段性总结,或者是课题完成时所提交的关于课题的理论和技术方面的研究总结,是课题结题时所应提交的材料之一,也是科研成果的一种表现形式。科研论文是以文字形式对科研最新成果的记录,也是科研成果的一种直接体现。这部分内容将在本书第七章"科研论文概论"和第八章"科研论文写作"中详细论述。

除专业技能培训之外,初学者还要学习其他一些技能。本书建议初学者努力掌握以下三项基本技能,这对研究工作的开展大有好处。

1. 学会上网检索文献

课题调研,收集科研信息,是科研工作初始阶段的必要过程。无论是课题申报、立项评审,还是中期检查、结题验收、成果鉴定,都需要进行科技查新,以评价该研究工作的创新性和应用价值等。收集资料最便捷的途径是上网检索文献,这需要掌握几个重要的搜索网站。有关文献检索方面的内容将在本书第七章第二节"科研论文检索"中详细阐述。

2. 学会制作报告文件

进入课题组之后,会经常召开课题研究组会,导师或课题负责人经常要安排课题组成员做报告。因此,学会制作课题报告 Powerpoint 文件,是从事科研工作的基本技能之一。这也是为将来在国内外学术会议上发言打基础。

3. 学会常用处理软件

科研工作常需进行数学模拟及数据处理,学习并掌握常用的科学计算软件和绘图程序,也是科研工作所必须的技能。有关科学计算和数据处理的软件很多,初学者应根据课题研究需要有所选择。如 MATLAB(Matrix Laboratory)就是一种科学计算软件,专门以矩阵形式处理数据;又如 Auto CAD 绘图软件,可应用于几乎所有与绘图有关的行业,如建筑、机械、电子、天文、物理、化工等。

三、尝试研究问题

科学研究是对未知领域的探索,解决未知领域的问题是科学研究的目的。一般而言,初学者若想提高科研能力,就必须亲身参加科研课题的研究工作,在研究中得到锻炼和提高是一种最直接而有效的方式。初学者需把握各种机会,尝试对问题进行研究,以获得科研实际经验。

尝试研究问题,须注意以下六个方面。

1. 首先确定研究课题的题目

科研工作伊始,首先要确定的是研究题目。若能在本研究室资深科学家或导师的研究范围(如研究项目、课题基础等)内选择题目,则可以得益于他们的指导和关注,研究工作亦可相互理解、互相促进。初学者最好选择一个出成果几率大且适合其完成能力的题目,尽量保证其能够成功。成功能够增强信心并推动研究深入,而挫折则会引起相反的效果。

2. 明确该领域已做过哪些研究

题目选定以后,接下来就要明确该方面已做过哪些研究。一种直接而有效的方式是查询相关研究的国内外期刊论文,其中首选最新出版的综述论文。此类论文具有对该类研究总结较全面、对比分析各主要研究成果以及提供较翔实的参考资料等特点;留意最新的研究报道,则可获取新原理、新技术等有价值、可利用的信息。

3. 整理资料,弄清资料之间的相互关系

作为研究的起点,科研人员需要查阅相关研究的大量资料,包括文本型、电子版、胶片、音像、图片等。这些原始资料应妥善整理和保存,以便随时备查。同时,应根据课题研究进程,及时查询新的文献,以补充研究资料库。通过分析、整理资料,弄清各种资料之间的相互关系,可以从中了解已有的研究方法和实验结果的特

点,发现其中的不足,获取新线索,在其基础上提出自己的新设想、新方法,并在研究中加以验证。

4. 将课题分解成若干子问题,从实验入手

确定了题目,掌握了该课题研究的历史和现状,并从中理顺、整理出了研究设想。那么,接下来的工作就应将课题分解成若干子问题,并以研究任务的形式具体落实。以应用基础研究为例,课题实施一般是从实验入手的,根据实验进展情况修正或调整课题的实施计划。与此同时,相关的理论研究亦应同步协调进行。

5. 精心设计为这些问题提供答案的实验

科研实践证明,实验成功与否,主要取决于准备工作的细致程度。作为有经验的课题负责人,事先需对课题加以周密思考,并将整体实验分解成若干可操作的分步实验,然后精心设计为这些问题提供答案的实验。其中最吸引人的是设计并实现关键性(如判决性)实验,此类实验能够得出符合一种假说而不符合另一种假说的结果。

6. 对已取得的实验结果进行理论解释

对已取得的实验结果进行理论上的解释,是研究工作中最后且至关重要的环节。研究者需对每个分步实验进行再现,并进行相应的理论分析和解释。只有这样,才能以之为基础获得对整体实验的全面认识和把握。要特别留意实验过程中出现的非常规现象、测量数据的奇异点以及分析曲线与以往不同之处,等等。在这些异常情况中,可能蕴涵着新发现、新发明的原始的信息,研究者的敏锐性和洞察力将在这一过程中经受严峻的考验。

四、初学者科研策略

对缺乏科研实际经验的初学者,科研策略的选取对科研工作的成败至关重要。下述几项科研工作的基本要领看似简单,但真正理解并做到却不容易。初学者只要在科研工作中用心体会,定会对研究工作大有助益。

1. 要能够完成

要选定一个适宜的课题进行研究,并将其做到底,直至取得成功。采取的策略应是:"有限目标,能够完成。"

2. 思路要清晰

研究思路要清晰,要非常清楚自己正在研究的课题是什么,难点在哪里,以及该问题现有的研究水平已经达到的程度等内容。

3. 方法要简单

采用的研究方法要尽量简单,这样可以提高工作效率。研究方法人人会思考,但研究过程中则各有各的解决方式,因而工作效率和研究结果也会各不相同。

4. 不要怕失败

做过实验的人基本都经历过挫折和失败的考验。很多时候,实验结果与我们预期结果并不一致,这时不要气馁,应该坐下来认真分析其中的原因,不要盲目重复! 一定要想办法搞清原因。若实在解决不了,也应做好记录,留做以后研究。

【思考与习题】

1. 什么是科学? 科学的实质是什么?

2. 什么是科学认识? 科学认识有哪些基本类型?

3. 什么是科学研究? 科研的基本特点是什么?

4. 科研意义表现在哪几个方面?

5. 结合专业简述理工科研一般步骤。

6. 结合专业简述社科研究一般步骤。

7. 你是否参加过课题研究? 有何感受和体会?

8. 结合课题研究工作,简述课题研究基本程序。

9. 社会调查的具体方法有哪几种? 各有什么特点?

10. 初学者如何进行科研准备?

11. 初学者除专业技能培训之外,还需要学习哪些科研技能?

12. 初学者应采取的科研策略是什么?

13. 咨询你所熟悉的资深研究者或技术专家,写成一篇科学研究经历或技术开发经验的调查报告。

14. 试论批判式阅读科技文献的必要性及其在科研中的重要作用。

15. 谈谈初学者参加课题研究应注意的一些事项。

第二章 科研选题规程

> "提出一个问题往往比解决一个问题更重要。"
>
> ——[美]爱因斯坦

第一节 科研课题类型

一、科研课题概述

科研课题,一般是指以探索发现或应用开发为目标,以解决某种科学技术问题为目的,拥有某部门或团体的科研或开发资金支持,并要求在规定的时间内完成研究任务的计划或方案。因管辖机构、经费来源以及研究内容等要素有所区别,科研课题具有多种形式,主要包括以下几个方面:科学本身的发展,社会生产实践的需求,国家的政治、经济特别是军事(战争)的需要,社会生活其他方面的需要,等等。

从一定意义上讲,科学研究是一个不断提出问题和解决问题的过程。能否提出有创见的、合适的科研课题,对于科研工作的顺利开展并获取有价值的成果至关重要。

二、科研课题类型

根据研究内容或经费来源的不同,科研课题有着不同的分类方式。

1. **一般分类**

科研课题的一般类型有理论性研究课题、实验性研究课题和综合性研究课题三大类。

2. **基本类型**

科研课题的基本类型有基础性研究课题、应用性研究课题和发展性研究课题三大类;也可以将其分为指令性课题和指导性课题两大类。

3. **特殊类型**

科研课题的特殊类型是指针对某些特殊需求提出并确立的课题,如专项课题、委托课题、自选课题等。

三、科研课题来源

课题的设置一般视国家需要、社会需求、经费来源、项目管理机构等因素决定。根据我国的国情,目前科研课题的来源主要有以下几个方面。

(一)指令性课题

各级政府主管部门考虑全局或本地区公共事业中迫切需要解决的科研问题,指定有关单位或专家必须在某一时段完成某一针对性很强的科研任务。这类课题具有行政命令性质,故称之为指令性课题。该类课题的经费额度较大,实效性强,但要获得指令性课题,必须具有雄厚的研究实力,同时亦具有一定的风险。此类课题的特点是:目标大,水平高,要求严,经费多。例如,我国建国初期的两弹一星研制计划,血吸虫病的防治,计划生育等;改革开放时期的经济特区设计与模式研究;近期的航空航天计划(包括载人航天计划),抗击非典(SARS)和禽流感(H5N1)疫苗以及新药的研制开发等课题,均属于指令性课题。

(二)指导性课题

亦称之为纵向课题。指国家有关部门根据科学发展的需要,规划若干科研课题,通过引入竞争机制,采取公开招标方式落实项目。在招标中,实行自由申报、同行专家评议、择优资助的原则。指导性课题申请者的职称要求副高以上,若有两名具有高级职称的同行专家推荐,副高以下职称者也可获得申报资格。指导性课题主要有以下几类。

1. 国家自然科学基金

由国家科技部设立、提供,每年度颁发申报《项目指南》。申请者可根据相关的申报指南自由申请,但必须依托归口单位以便进行课题的全程管理。该类课题具体包括:

(1)面上项目:这类项目面广、量大,占所有资助的大部分,内容包括自由申请项目、青年科学基金项目、高技术项目与新概念、新构思探索项目。其中,青年科学基金项目鼓励35岁以下且具有较高学位或科研能力较强的年轻人申报课题。

(2)重点项目:指处于学科前沿并可能出现突破,具有重要意义的项目。此类项目资助强度较大。

(3)重大项目:指理论与应用意义重大,目标明确,基础坚实,可望在近期取得重大成果的项目。

此外还有重点实验室基金、研究成果专著出版基金、主任基金等,用以资助前期的基础性及关键性研究和实验。

2. 科技部专项计划课题

包括国家 973 计划项目,国家 863 计划项目,火炬计划,星火计划,国家重点科技攻关项目,国家科技成果重点推广计划,社会发展科技计划,技术创新工程,国家重点新产品计划,等等。

3. 政府管理部门科研基金

指国家、省市及地市科技、教育、卫生行政部门设置专用研究基金,如教育部设立的博士点专项基金、优秀青年教师基金、留学归国人员启动基金等。天津市科委设立的自然科学基金、攻关项目、重点基金、培育计划等均属此类。

4. 单位科研基金

随着科学事业的发展,各单位的科研开发和市场意识逐渐增强。某些单位根据本单位的财力状况,会适当拨出一些经费用于科技开发。其资助对象一般向年轻人倾斜,重点资助起步性研究课题,为下一步申请省级课题及国家基金奠定基础。例如,南开大学为教师设立的科技创新基金,以及为本科生设立的"百项工程"创新基金即属于此类。

5. 国际协作课题

指由国家科技部与国际间科研机构、基金会等组织就某一科学或技术问题组织进行的跨国家、跨区域的研究课题。该类课题有定期和不定期之分,申请者一般需要依托科研实力较为强大的科研团队,才有获得资助的可能。

(三)委托课题

属于横向课题,一般针对某一特定的实际问题而提出,通常来源于各级主管部门及某些企事业单位。该类课题具有面向技术、广泛灵活、周期较短且资助额度大等特点,委托者以获得直接经济效益或社会效益为研究目的。如有关设备改造、科技攻关、技术创新及新产品开发等问题的解决方案,以及国家、企业或公司委托具有研究资质部门进行的市场调查、软件开发、产品研制、方案评估等课题。

(四)自选课题

指研究者根据个人的专业特长、经验与喜好选定的课题。该类课题的经费一般以研究者自筹居多。在基层单位,根据岗位特点及单位的需要与可能,自选课题大有潜力。

第二节　选题原则与方式

　　科研选题,是指选择某一学科领域中尚未认识而又需探索、认识和解决的科学技术问题以备研究的过程。所谓选题方法,也就是指选择、确定研究对象和研究问题的一种方法。科研选题是科学研究的第一步,具有战略性和全局性的特点。科研选题决定着科研工作的方向,在一定程度上决定着整个科研工作的内容、方法和途径,影响到研究成员的组成和才能的发挥,关系到出科研成果的快慢。更重要的是,作为研究战略的起点,科研选题的恰当与否在很大程度上决定了该研究课题最终能否取得成功。初学者参与科研实践应正确定位,选题要量力而行,注意汲取科研经验,努力提高科研素养。

一、科研选题原则

　　正确地进行选题,需要遵循一定的原则。本书作者根据自身多年的科研实践经验,归纳并提炼出八大科研选题原则,分别叙述如下。

1. 创新性原则

　　科学研究活动具有探索性质,是指进行前人未曾涉及或未完成的、而预期能出新成果的研究工作,包括在科学问题、技术问题中,涉及的新原理、新方法、新材料和新工艺等。目前,在国家基金等纵向课题的审批工作中,对所申报课题进行评价的关键指标之一就是课题是否具有创新性。

2. 可行性原则

　　要完成一项具体的科研课题,一般需要三种最基本的条件,即研究基础、实验设备和智慧技能。要从实际出发,实事求是,量力而行。研究者应根据课题组的已有基础、物质条件、人员结构以及协作关系等各个方面进行综合分析,有把握地确定科研选题。

3. 优势性原则

　　优势性原则是指在科研选题时,要从国内、本省、市、地区、单位及个人的长处出发,充分发挥已有优势,扬长避短。应从宏观优势和微观优势两个方面对其加以考虑,前者指国内、本省市、本地区、本单位的地理环境、自然资源等条件,后者指课题组科研人员的结构、素质、知识、技能及创造性等。

4. 需要性原则

　　需要性原则是指在科研选题时,要从社会发展、人民生活和科学技术等需要出发,优先选择那些关系国计民生且亟待解决的重大自然科学理论和技术研究问题。

科研选题要为生产实践服务,这就要求科研人员走出实验室,到生产一线熟悉生产过程,及时了解、发现生产过程中提出的理论和技术问题,从中筛选出符合科学原理和适合技术工艺开发的研究课题进行联合攻关。

5. 经济性原则

经济性原则是指在科研选题时,必须对课题研究的投入产出比进行经济分析,力求做到以较低的代价,获得较高的经济收益或经济效果。经济性原则的另外一项考虑,则是在获得经济效益的同时,还要注意评价该课题的实施对环境的影响。要做出科学的预测,尽量避免因片面追求眼前的经济效益而忽视环保这一情况的出现。

6. 实效性原则

实效性原则是指在科研选题时,应该考虑保证:该课题的进行,将会在预计的时段内产生相应的阶段性研究成果,对发展科学特别是推动技术进步具有明显的实际效益。对于横向课题的确定,注重实效性原则的意义尤为重要。

7. 团队性原则

现代科学研究是一种高强度、快节奏的集体行为,特别是重大课题的立项、申报、组织和运作,很少有人能单独承担,必须由课题组的成员分别负责该课题的某一方面、彼此协同攻关才能完成。例如,人类基因组计划就是由美、英、法、日、德、中等国家分阶段协作完成。可以说,在现代科学研究中,不懂得与他人协调合作的人,在学术上是很难有建树的。

8. 发展性原则

发展性原则是指在科研选题时,要考虑该课题是否具有发展前途,即课题是否具有推广价值、普遍意义和持续的创造性,可否促进一系列相关问题的解决,以此为基础是否能够衍生出新的研究领域和相关新课题。

二、科研选题策略

科研选题需要策略的指导。根据本书作者的科研实践,以下几种选题策略值得借鉴。

1. 选题的价值取向

选题是科研工作的第一步。如何选题,选什么样的课题进行研究,关系到能否取得预期的科研成果乃至获得重大的科研发现。课题研究内容为前人未曾涉足且能够填补该领域科研空白,对错误的命题辨析证伪,课题成果能够对国家制定政策提供重大的参考意见,课题能够解决人民生活中所急需解决的问题,对国防建设、国家安全、发展经济以及对先进的文化起推动作用,等等,这些均符合选题的价值取向。

作为一名有责任感的研究者或专业技术人员,怎样才能够把握好选题的价值取向?首先,课题的选取应从国家科技发展规划需要出发,从国家利益的层面去考虑,课题的选取、内容的研究以及成果的应用要为国家经济建设服务,要能够为国家综合实力的提升助力。其次,课题的选取要从本地区、本单位的实际需要出发,充分发挥自身科研优势,为提升本地区的科技实力、促进区域经济发展做贡献。最后,课题的选取也需要考虑研究团队已有的科研基础和成员的研究兴趣,将团体的课题研究与个人价值的实现有机结合,努力营造一个和谐向上、团结奋进的科研氛围。

2. 课题调研要充分

课题调研是选题的基础。只有大量获取科研资料,并对其认真分析和研究比对,才能从中发现有价值的科研信息,进而梳理出研究课题。调研期间,要精读几篇高质量的综述文章(Review papers),从中把握该领域研究工作的整体脉络。那种只阅读几篇研究论文就匆忙确立课题的做法,在某些情况下也许有可能歪打正着,但这种偶然命中的几率是很小的,甚至不会出现!参加课题调研,对初学者也是一个很好的锻炼机会。查阅论文的过程,也是追踪前人研究的过程,这种锻炼对初学者很有好处,可以帮助他们在课题研究中少走弯路。

专业技术人员进入课题研究之前,应有计划、有目标地进行课题调研。首先要根据课题目标查阅与之相关的综述文献,特别是原理、设计以及技术方面的综述文章、专利报道等,充分了解该领域的研究水平和技术现状,从中发现问题,提出自己的设想;然后,结合课题组科研基础,提出课题设计方案,并与同组的研究人员进行讨论、修正,形成课题研究方案;进而,在对课题的内容、价值和意义充分理解的基础上,有针对性地进行任务分派,这样确定的课题就比较有把握。由此可见,对研究工作所涉及的领域进行充分调研,并广泛参阅前人的研究成果,可以从中获得许多有益的启示,这对选题及设计研究方案是非常重要的。

3. 选题要量力而行

初学者在科研选题时要量力而行,应根据研究条件和课题资源慎重选择,保证所选课题难度适中,即遵循"有限目标,能够完成"的原则选题。如果课题难度太大,很可能会半途而废!在科学探索过程中,每一阶段都会形成新的认识。当多次实验结果与最初的设想不同或者根本做不出来时,一种情况可能是原来的课题方案有问题,不可行;另一种情况也许是目前的实验条件做不出预想的结果。在这种情况下,就需要根据实际情况调整课题,即改题(改变或改换课题)。经验表明,科研工作中改题的现象时有发生,原因多样:或者选题存在问题,或者实验条件不具备,或者实验方法有问题,或者源于阶段性认识的不同,等等。需要指出的是:选题要慎重,改题更要慎重。对课题要充分调研,审慎确定。

4. 要与专家多沟通

专家(或导师)是学术或技术方面的资深者,也是科研道路上的引路人。他们在长期的科研工作中积累了丰富的科研经验,在科学研究的漫漫长夜中、茫茫大海上,就如稳固而长明的灯塔一般,指引着初学者(或年轻的研究人员)在学术领域前进。

在选题上,初学者应该多与专家沟通,多向专家请教,尤其是技术专家。专家们从事相关研究多年,积累了丰富的经验,对选题的方法、课题的难度、技术的可行性以及实际价值有更好的理解和把握。专家的讲解和指导,可以在很大程度上避免初学者在起步阶段就走弯路、走岔路甚至走进死胡同等情况的发生,能够对科研工作的顺利开展产生多方面的帮助。亡羊补牢、迷途知返,虽不至产生更大损失,但毕竟不如及早修正,以避免这些不必要的损失。

我们提倡研究者与专家多沟通,但也应注意不要过分依赖。向专家请教、与专家交流和沟通是必要的,但过分的依赖则容易导致自己的观点难以形成、独立性无法培养,对科学研究和技术创新很不利。专家应该保护年轻人的科研热情,介绍研究动态,为他们指明研究方向。具体而言,作为专家,应耐心地指导初学者查询相关文献、使用科研方法、突破关键技术、鉴定研究结果的创新性等基本问题,但不应完全限制他们的思路。对年轻的研究者而言,有关课题研究细节的问题,应该自己想办法解决,而不要一味地等待专家来处理,有意识地在科研实践中锻炼自己独立分析和解决问题的能力。

三、科研选题程序

选定科研课题,需要经过一个提出问题 → 查阅文献 → 形成假说 → 构建方案 → 确立课题的过程。下面就科研选题中涉及的主要内容——提出问题、构建方案、选题报告和申报取向这四点进行重点阐述。

1. 提出问题

提出问题是科研选题的始动环节,具有重要的战略意义和指导作用。事物的本质是通过现象表现出来的,研究者必须对现象进行充分的观察、分析、综合,才能获得对本质的认识。提出问题时,要以已有的事实基础为根据,要弄清该问题提出的研究背景,要获知该问题目前达到的研究水平,以及解决该问题对科学发展和技术创新的作用和价值等。

2. 构建方案

问题一经提出,应当进行小范围内的现场调查或实验室研究。获得第一手资料后,应再次查阅文献并进行对比分析、核对。要特别关注前人是如何建立研究方案、确立技术路线、设计新的试验方法、根据实验结果修正或推翻原有结论的。据此,则可进一步提出和完善新的理论及实验解释。方案的构建应按照"思路新、起点高、意义大"的要求进行。

3. 选题报告

方案构建出来之后,为使选题更加科学、全面,通常需要邀请专家进行评估,通过集思广益而完善,最终形成选题报告。研究者通过参与集体选题报告会,可以综合不同的学术观点和思路,丰富选题论据与方法,修改和补充选题时的不足,这样有助于克服片面性,启发自己从新的角度考虑问题。

方案经研讨确定后,研究者应根据该方案完成选题报告,以备投标。选题报告内容包括:课题意义、立题依据、国内外有关进展、技术路线与关键技术、方法及指标选择、预试情况、预期成果、计划与进度、存在问题与解决对策等。

4. 申报取向

一旦完成选题报告,课题负责人必须认真考虑向何处申请投标。由于不同的主管部门资助的课题的领域和范围各不相同,不同学科侧重点和资助的强度也有差异。因此,课题申报应遵循"知己知彼、有的放矢、部门对口、学科相符"的基本策略。

四、科研选题方式

科研课题不会从天而降,而是来自研究者的勤奋实践、刻苦钻研和筛选提炼。根据本书作者的科研经验,以下几种选题方式在实践中已被证明是行之有效的。

1. 选题源于招标课题

国家基金委员会与各级科研管理部门会定期公布《项目指南》,在指南中不仅列出了招标范围,还指出了鼓励研究的领域。科研人员可根据已有的工作基础,发挥个人专长、科室与单位优势,凭借丰富的实践经验和已有的设备条件,自由地申请具有竞争力的课题。

"希尔伯特 23 个问题"可以称之为 20 世纪初数学界国际性的招标课题。1900 年 8 月 6 日,第二届国际数学家代表大会在巴黎召开。在这次会议上,年仅 38 岁的德国数学家希尔伯特(Hilbert,1862～1943)作了题为"数学问题"的报告,展望数学未来,向数学界提出了在新世纪里应当解决的 23 个数学问题。这些问题是他经过反复考虑后精心挑选的,它们横跨集合论、数学基础、几何基础、群论、数论、函数

希尔伯特

论、不变量理论、代数几何学、微分方程论和变分学等众多数学分支。

1975 年,在美国伊利诺斯大学召开的一次国际数学会议上,数学家们回顾了 3/4 个世纪以来希尔伯特 23 个问题的研究进展情况。当时统计,约有一半问题已经解决了,其余一半的大多数也都有了重大进展。1976 年,在美国数学家评选的自 1940 年以来美国数学的十大成就中,有 3 项就是希尔伯特第 1、第 5、第 10 问题的解决。由此可见,能解决希尔伯特问题,是当代数学家的无上光荣。

2. 选题源于所遇问题

研究者在日常科研工作中,务必注意观察以往没有观察到的现象,发现以往没有发现的问题。外部现象的差异往往是事物内部矛盾的表现,及时抓住这些偶然出现的现象和问题,经过不断细心分析比较,就可能产生重要的原始意念。有了原始意念,就有可能提出科学问题,进而发展成为科研课题。例如,英国著名细菌学家、医学家、诺贝尔医学奖获得者弗莱明(Alexander Fleming,1881～1955)于 1928 年从培养

弗莱明

皿内的青霉菌中提取出抗生素,这一发现正是从意念中得到启发的结果。所以,研究者应在实践中注意反复观察、记录和积累研究结果、捕捉信息,不断为科研选题提供线索。

被誉为"黄土之父"的国际著名第四纪地质学家、环境学家刘东生(1917～2008)院士,就是从碰到的问题中选题的杰出科学家。春天的风沙,让城里人开始关注黄土。地理学界有这样的说法:目前人类要了解地球的自然历史,可以阅读三本书,第一本是深海沉积物,第二本是极地冰川,第三本便是中国的黄土。国际上认为,把黄土这本书念得最好的是中国的刘东生院士。刘东生院士长期奋斗在地球科学研究领域,通过认真研究中国的黄土,对全球环境变化的一系列重大理论问题做出了重要贡献,使我国第四纪地质学与环境地质学位居国际地球科学前沿。

刘东生院士一生研读"黄土",他潜心科研 60 余年,平息了 170 多年来的黄土成因之争,建立了 250 万年来最完整的陆相古气候变化历程记录,其重大贡献被国际学术界公认,所发表的文章被国际著名检索系统 SCI 引用 3000 多次。他在七八十岁高龄时,探索的足迹仍遍布南极、北极和青藏高原等"地球三极",多次获得国家奖励。2002 年 4 月,刘东生获得被誉为环境"诺贝尔奖"的"泰勒环境成就奖",成为第一位荣获这一世界环境科学最高奖的中国大陆科学家。2004

刘东生

年2月,在人民大会堂,中共中央总书记、国家主席胡锦涛向获得2003年度国家最高科学技术奖的刘东生颁发了奖励证书和500万元奖金。

3. 选题源于文献空白点

研究者可根据自己的特长与已掌握专业的发展趋势,进一步查阅近二三十年来本专业国内外的相关文献,从中吸取精华,获得启发,寻找空白点,设法使自己所选择的课题能够填补国内外专业领域的空白点。这类课题具有先进性和生命力,有可能在前人研究的基础上提出新观点、新理论和新方法。

中国数学家陈景润(1933～1996)院士在青年时代学习著名数学家华罗庚(1910～1985)教授的专著《堆垒素数论》等著作时,发现"哥德巴赫猜想"是一个200年遗留下来至今尚未完全解决的数学难题。德国数学家哥德巴赫(Goldbach Conjecture,1690～1764)是一位中学教师,也是一位著名的数学家,1725年当选为俄国彼得堡科学院院士。1742年,哥德巴赫在教学中发现,每个不小于6的偶数都是两个素数(只能被1和它本身整除的数)之和。如63+3,125+7等。

陈景润

从哥德巴赫提出这个猜想至今已经历经二百多年,世界上许许多多的数学家为了证明这个猜想而殚精竭虑、费尽心机。尽管在证明上已经取得了很大的进展,但迄今为止,这个猜想仍然是一个既没有得到完全正面证明也没有被推翻的命题。

了解这一情况后,陈景润便把"哥德巴赫猜想"作为自己攻关的研究课题。为此,他埋头深入研究解析数论,在20世纪50年代,即对塔里问题、华林问题等研究做出了重要改进。经过20余年的刻苦研究,他终于获得了突破,取得了世界瞩目的研究成果。1966年5月,陈景润在《科学通报》上发表论文摘要,表明他已证明了"一个大偶数可表示为两个素数及一个不超过两个素数的乘积之和",即"1+2"。原文有200多页,于1973年全文发表,被誉为"筛法的光辉顶点",成为"哥德巴赫猜想"研究史上的里程碑,他的研究成果被人们称为"陈氏定理"。

被同行们誉为"杂交水稻之父"的袁隆平(1930～)院士,他的研究工作可以说是"从文献的空白点选题"的范例。1960年,袁隆平从一些学报上获悉杂交高粱、杂交玉米、无籽西瓜等,都已广泛应用于国内外生产中。这使袁隆平认识到:奥地利遗传学家孟德尔(Gregor Johann Mendell,1882～1884)、美国生物学家与遗传学家、诺贝尔生理医学奖获得者摩尔根(H. T. Morgan,1866～1945)及其追随者们提出的基因分离、

袁隆平

自由组合和连锁互换等规律对作物育种有着非常重要的意义。于是,袁隆平跳出了无性杂交学说圈,开始进行水稻的有性杂交试验。

1960 年 7 月,他在早稻常规品种试验田里,发现了一株与众不同的水稻植株。第二年春天,他把这一变异株的种子播到试验田里,结果证明了:上一年发现的那个"鹤立鸡群"的稻株,是地地道道的"天然杂交稻"。他想:既然自然界客观存在着"天然杂交稻",只要我们能探索其中的规律与奥秘,就一定可以按照我们的要求,培育出人工杂交稻来,从而利用其杂交优势,提高水稻的产量。这样,袁隆平就从实践及推理中突破了水稻为自花传粉植物而无杂种优势这一传统观念的束缚。于是,袁隆平立即把精力转到培育人工杂交水稻这一崭新课题上来。

1964 年,袁隆平院士首先提出通过培育"不育系、保持系、恢复系"三系法来利用水稻杂种优势的设想,并进行科学实验。1970 年,他与其助手李必湖和冯克珊在海南发现一株花粉败育的雄性不育野生稻,这一重要发现成为突破"三系"配套的关键。1972 年,他们育成中国第一个大面积应用的水稻雄性不育系"二九南一号 A"和相应的保持系"二九南一号 B",次年又育成了第一个大面积推广的强优组合"南优二号",并研究出整套制种技术。1986 年,他提出杂交水稻育种分为"三系法品种间杂种优势利用、两系法亚种间杂种优势利用到一系法远缘杂种优势利用"三步的战略设想。1998 年 8 月,袁隆平院士又向新的制高点发起冲击,提出了选育超级杂交水稻的研究课题。目前,超级杂交稻正走向大面积试种推广中。

袁隆平院士长期从事杂交水稻育种理论研究和制种技术实践,是我国杂交水稻研究领域的开创者和带头人,为我国乃至世界的粮食生产和农业科学的发展做出了杰出贡献。

4. 选题源于旧课题延伸

延伸性选题是指根据已完成课题的范围和层次,从广度和深度等方面对其再次挖掘而产生的新课题。由于研究课题本身并非独立存在,研究者应细心透视其横向联系、纵横交叉和互相渗透的现象,设法从相关部分进行延伸性选题,使研究工作循序渐进、步步深入,使已有的理论或假说日趋完善,逐步达到学说的新高度。以下是本书作者相关科研选题的两个实例。

例如,学过理论力学的人都知道,质点(或天体)在有心力的作用下,其运行轨道是二次曲线,而运行轨迹为闭合曲线的质点(或星体)需要满足一定的条件才具有稳定性。此课题中的一个最简单情形,就是获得圆形轨道的稳定性条件。对此,从学术期刊上的文献或理论力学教材中都可以直接查到。然而,经本书作者查询获知,有心运动的椭圆形轨道稳定性条件还未见报道。于是,本书作者将该课题延伸,利用比耐公式和微扰理论,经详细分析推出了椭圆形轨道稳定性条件。与已知的圆形轨道稳定性条件相比,椭圆形轨道稳定性条件不仅仅决定于力场的形式(正比弹性力场、平方反比引力场等),还与轨道的几何参数(偏心率)有关。利用新的稳定性条件,本书作者推证:在力与距离成正比的弹性力场、力与距离平方成反比的吸引力场中,均能给出稳定的圆形和椭圆形轨道;但对于力与距离立方成反比的吸引力场中,却给不出稳定的圆形轨道和椭圆形轨道。

再如,光纤布喇格光栅(FBG)是近几年发展最为迅速的新一代光无源器件,它是利用光纤材料的光敏性在光纤内建立的一种空间周期性折射率分布,其作用在于改变或控制光在该区域的传播行为与方式。以 FBG 作为基本元件研制的光纤光栅传感器,具有精度高、抗电磁干扰、适用于恶劣环境以及可多点分布式测量等优点,在土木工程结构监测领域发挥着愈来愈重要的作用。以往对 FBG 型传感器的设计,往往侧重于温度和应变(包括由应变延伸出的应力、位移、曲率、压力等)参量的感测。对此,本书作者考虑将温度型和应变型 FBG 传感器发展成为扭转型 FBG 传感器。经过深入分析,在查阅大量文献的基础上,通过对传感机构的巧妙设计,终于实现了上述设想,研制出了双向 FBG 型扭转传感器,该传感器可以感测扭角、扭力和扭矩,在 $\pm 45°$ 扭角范围内,FBG 调谐范围不小于 7nm。此外,本书作者以该新型传感器为基础,又设计并研制出了温度自动补偿型 FBG 扭转传感器。

5. 选题源于要素的重组

在实验研究中,一个课题通常由被试因素、受试对象和效应指标三大要素组成。根据研究目的,有意识地改变原课题三大要素中的某一要素或进行某种重组,就有可能发现具有理论意义和应用价值的新问题,进而提出一个新的研究课题,这种选题方法又称旧题发挥法。以下是本书作者相关科研选题的两个实例。

例如,在相对论重离子碰撞中,末态粒子之间存在着多种形式的关联。以往的碰撞事件分析表明,粒子关联不是单个行为,而是多数粒子的集体贡献。本书作者查阅了以往有关的研究,发现末态粒子的关联研究,主要集中在粒子之间的关联(方位角、横向动量模)上,而对碰撞事件中的粒子群之间的关联却未进行研究。据此,本书作者提出了粒子群关联概念,将已有的二粒子之间的关联、多粒子之间的关联发展为粒子群之间的关联,并根据粒子群关联概念定义了粒子群关联函数,由此建立了一种定量检测高阶集合流关联(可分别检测粒子的方位角关联、横向动量模关联和横向关联)以及集合流集体性的新方法。

再如,为了定量描述粒子的关联强度对集合流效应的贡献程度,本书作者又提出了粒子关联度概念。蒙特卡罗模拟与实验事件的对比分析表明,通过粒子群关联函数的分析,可以定量检测集合流的效应是由少数关联度较大的粒子(或碎片)引起的,还是由关联度不同的多数粒子(多碎片)集体贡献的结果。进一步的研究又证明,粒子关联度概念是描述集合流性质的一个重要参量,其形式化描述与"流参量"的形式有关,也与坐标系的选择相关。粒子关联度描述了末态粒子之间关联的性质,它表征了粒子之间关联的强弱强度,是与集合流的强度、集体性同等重要的参量。集合流的强度反映了集合流的外在属性,而集合流的集体性、关联度则揭示了集合流的内在本质。因此,定量分析三者之间的相互关系,将对高能重离子碰撞物理学的研究产生重要的影响。

6. 选题源于领域的跨越

一般而言,大多数研究者往往对自己研究的领域很熟悉,但对相邻的领域或不相关的领域则没有加以足够的关注,或对这些领域的专业知识了解不足,因而失去了许多发现有研究价值的课题的机会。而那些具有跨领域的专业知识,同时又具有敏锐的观察力和敏感性的研究者,则可以从跨领域的研究中选题,从而获得科学上的重大突破。

中国科学院院士、中国工程院院士、第三世界科学院院士王选(1937~2006)教授就是从跨领域研究中选题的突出代表。他本科学的专业是数学,后因工作需要改为研究计算机硬件,在第一线一干就是 3 年。1961 年,对计算机硬件已很熟悉的王选院士,从计算机应用发展的角度对课题研究的方向进行了重大调整:即从硬件跨到软件!从此,他开始了汉字照排系统的前期探索工作。从 1975 年起,他主持汉字计算机激光照排系统的研制,并于 1975 年至 1976 年研制成功

王选

了高倍率字型信息压缩和高速复原技术。1976 年,王选院士做出了"跳过第二代光机式照排机、第三代阴极射线管照排机、直接研制第四代激光照排系统"的技术决策,对我国照排技术赶超世界先进水平做出了重要贡献。1975 年至 1991 年,他具体负责以上述发明为基础的华光 I、II、III、IV 型和新一代方正 91 电子出版系统的核心硬件——栅格图像处器的研制。

回顾走过的科研历程,王选院士指出:激光照排"这个难题的解决,与我跨领域的研究有关"。这些科研成果不仅取得了巨大的经济效益和社会效益,而且还引起了我国报业和印刷业的一场技术革命。由于这些突出的贡献,王选院士获得了2001 年度国家最高科学技术奖等多项重大奖励。

第三节　科研课题示例

一、科研信息收集

科研信息收集是科研工作中首要的、日常的工作,也是科研选题的基础。在自然科学研究中,基础理论的研究成果一般不予保密,而且常常为争得最先发现权而尽量抢先发表;以应用技术为研究成果的新技术、新配方、新工艺、新材料等真正的技术秘密,则需及时申请专利加以保护。因此,最新科研信息的及时收集,对于科研课题的筛选与确定至关重要。

(一)信息的类型

科研信息,泛指在科研工作中使用、借鉴、参考到的相关信息。科研信息的类型因其具体内容、承载形式及使用情况而多种多样,以下是几种有代表性的分类方法。

1. 按文献的载体分类

一般分为纸张型、缩微型、声像型、机读型、数字图书馆等。数字图书馆是机读信息的代表,是"全球信息高速公路上信息资源的基本组织形式",具有信息存取多媒体化、信息组织有序化、操作电脑化、传输远程网络化、资源共享化、结构连接化(跨库连接无缝化)等特点。它可以存储电子格式的资料;并对这些资料进行有效的操作。

2. 按文献的发布类型分类

(1)图书:是指一些记录的知识比较系统、成熟的文献,如教科书、专著、工具书等。

(2)期刊:是指一些记录的知识比较新颖、所含信息比较大的连续出版物,一般都有固定的期刊名称,如《中国科学》、《物理学报》、《光学学报》、《中华医学杂志》、《中国高等教育》等。

(3)特种文献:无法归入图书或期刊的文献,如科技报告、学位论文、会议文献、专利文献等。

3. 按文献的使用级别分类

(1)零次信息源:指口头交流的信息和电子论坛及各种国际组织、政府机构、学术团体、教育机构、企/商业部门、行业协会等单位在网上发布的信息。

(2)一次信息源:即原始信息源类。包括原始的创造,首次记录的科研成果,新技术、新知识、新发明、新见解。如期刊论文、学位论文、科研报告、专利文献、会议文献等。

(3)二次信息源:即书目文献类。是按一定规律和方法编制成的查找原始文献的检索工具,如图书馆目录 WebPAC、IPAC、书目文献数据库等。记录内容包括书名、期刊名、文献中的题名、著者,以及主题、原文的出处(刊登的期刊名称、年、卷期页、网址)等。

(4)三次信息源:在阅读一次文献的基础上,分析综合归纳信息后,组织形成具有资料性、查考性、阅读性的文献,如教科书、综述、工具书、进展、调查报告等。其中,综述(Survey, Review)是指综合分析和描述一定时间范围内,某一学科或专业科研发展、现状并预测未来的一类文献。

4. 按文献的检索方式分类

(1)传统文献:印刷型、缩微型、视听型等。

(2)电子信息资源:单行版电子出版物(光盘、磁带等)、网络信息资源(图书馆馆藏目录、电子书刊、参考工具书、数据库)等。

(二)信息的收集

为了科研选题的顺利进行,研究者需要在科研信息的收集工作方面下功夫。在收集科研信息时,如果能够掌握一定的技巧,就可以使工作的效率提高、质量上升。

1. 收集的标准

科研信息浩如烟海,其中绝大多数可能都与研究者正在进行的科研选题毫无关联。要保证所收集的科研信息均能够对科研选题有所帮助,就应当在进行收集工作时坚持以下标准:

(1)针对性:随着现代科技的迅速发展,学科间的交叉渗透以及学科内的多层次发展相继出现,使得跨学科报道的资料剧增。统计资料表明,在查阅某一课题的相关文献时,从本专业期刊中只能找到 1/3。为此,科研人员必须根据课题研究的需要,有针对性地收集资料。

(2)代表性:现代社会中的科技文献数量之大、类别之多,已经远远超过以往任何一个时代。资料载体除了传统的印刷品之外,还有诸多电子资料,如电子文档、光盘、磁卡、缩微胶卷、录音带、录像带、机读磁带等。就编辑出版的形式而言,有专著、期刊、专刊资料、会议论文、研究报告等多种类型。这些资料是以世界上的各种语言来撰写的,其中尤以英文资料居多。面对浩如烟海的资料,需要根据课题的实际需要,重点阅读有代表性和权威性的资料,浏览一般性的资料,舍弃与主题关系不紧密的资料。

（3）可靠性：资料的可靠性首先表现为真实性，除此之外还包括时效性和可比性。现代科技发展迅速，信息容易老化，资料容易陈旧。在理论研究和实验分析中，凡涉及某一观点、结论与现行的看法相矛盾或者有重大冲突的，一定要注意查询相关作者的原著或原文，对叙述相关内容的段落进行透彻分析，尽量理解其原意，切不可仅凭转述、翻译或未经严格考证的评论便匆忙定论。

（4）完整性：现代科技不断向纵深发展，人们对某一学科或领域内某些课题的研究不断深入，认识也在不断发展。学科间相互渗透和学科内多层次发展的出现，进一步提高了课题研究的深度和广度。因此，科研人员在收集资料时，应注意在深度和广度的结合方面下工夫，尽量收集较为完整的课题研究资料。

信息完整性的表现如图 2.2 所示。

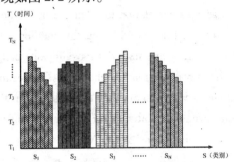

图 2.2　资料收集的时间、类别关系图

图 2.2 中以时间 $T_i (1 \leqslant i \leqslant N)$ 为纵坐标，向上形成近期（如 3 年或 5 年）或中长期（如 7 年、10 年或更长时间）内完整、连续的资料；以类别为横坐标，向右以同类研究资料 $S_i (1 \leqslant i \leqslant N)$ 形成对比参照、逻辑化的资料。其中，同类资料又可细分为子类 $s_{ij} (1 \leqslant i \leqslant N, 1 \leqslant j \leqslant N)$，如 $s_{11}, s_{12}, s_{13}, \cdots\cdots, s_N$。

2. 收集的方式

信息收集有多种途径，以下是几种常见的收集方式：

（1）科学文献：

图书类——专著、教科书、年鉴、手册、百科全书等；

期刊类——杂志、学报、通报、简报、文摘、索引等；

其他类——研究报告、学位论文、专利文献、技术标准、产品介绍等。

（2）学术会议：报告、墙报、讨论、论文集、进展评论等。

（3）信息交流：参观、访问、座谈、通信等。

（4）网络查询：利用国际互联网，从专业网站检索、下载有关课题信息。

二、理工课题示例

理工类课题形式诸多,下面摘选三个典型示例加以介绍。

(一)基础类课题

示例1:选自本书作者发表在《Physical Review C》1998 年第 58 卷第 6 期文章中的研究内容。

1. 研究课题

Measurement of collectivity of collective flow in relativistic heavy-ion collisions using particle group correlations.

2. 课题摘要

Based on a particle group's correlation function, a new type of inferring collectivity of collective flow is proposed in this paper. Using this method, the particle group correlations arising from collective flow are analyzed for collisions of 1. 2A GeV Ar1BaI2 and 2. 1A GeV Ne1NaF in the Bevalac streamer chamber. The results have been compared with Monte Carlo simulation, which show that the collectivities are between 80% and 95% for the experimental events in collisions of Ar1BaI2, and between 75% and 95% for the experimental events in collisions of Ne1NaF.

3. 研究内容

(1) Review on the collectivity of collective flow in relativistic heavy-ion collisions.

(2) Experiment and correlation function of N particle groups.

(3) Analysis of the particle group correlations for the experimental events.

(4) Inference of the collectivity of collective flow experimental events.

(5) Proposed a new measurement of particle group correlations to be very sensitive to the collectivity.

(二)实验类课题

示例2:选自本书作者发表在《仪器仪表学报》2003 年第 24 卷第 3 期文章中的研究内容。

1. 研究课题

强度型光纤浓度传感器的设计与研制。

2. 课题摘要

研究回波强度概念并给出了定义。基于此概念,设计并研制出一种便携、实用的强度型光纤浓度传感器。推导了浓度计算的理论公式,对盐溶液和糖溶液的浓度进行了实验测定,其测量分辨率达到 2167×10^{-4},实验结果与理论分析相符。该传感器具有结构简单、操作灵活和价格低廉等特点,在溶液产品质评、环境监测、水位预警等方面具有实用价值。

3. 研究内容

(1)强度型光纤浓度传感原理分析

包括:相关研究情况对比分析、回波强度概念研究与定义、光纤浓度传感原理分析。

(2)强度型光纤浓度传感器机构设计

包括:传感机构设计方法、传感机构设计优化。

(3)传感器研制及性能测试

包括:强度型光纤浓度传感器研制、强度型光纤浓度传感器性能测试。

(4)强度型光纤浓度传感器的应用

包括:盐溶液浓度检测及应用评价、糖溶液浓度检测及应用评价。

(三)应用类课题

示例3:选自本书作者承担的国家863计划课题"光纤光栅传感网络关键技术研究和工程化应用"研究成果。

1. 研究课题

光纤光栅应变传感器研制及工程化应用研究。

2. 课题摘要

近年来,在工程测试系统中应变测量仪器的设计和开发一直成为研究的热点问题。采用传统的电阻应变片法易受电磁场、湿度、化学腐蚀等影响,使用寿命也不长。光纤光栅是一种新型的光子器件,适用于研制性能优良的传感元件。通过设计敏感结构进行其他物理量的转换,可以研制高灵敏度、可靠性强的光纤光栅应变传感器。基于我们前期的研究,本课题以光纤光栅为元件进行应变传感器的理论分析、器件设计、性能测试、结构优化等诸多方面的工程化应用研究。在改进光纤光栅应变传感器性能及使用寿命的基础上,将其应用于示范性工程重要结构的应变监测之中。该项研究对于光纤光栅传感器的器件设计以及工程化应用具有重要的指导意义。

3. 研究内容

(1)光纤光栅应变传感的理论研究

包括:光纤及其光栅光学性质、光纤光栅应变传感机理、模型构建及数值模拟。

(2)光纤光栅写制方法及技术实现

包括:光纤光栅写制方法探索、光纤光栅写制技术实现、光纤光栅的敏化与封装。

（3）光纤光栅应变传感器研制

包括：光纤光栅应变传感器设计、光纤光栅应变传感器研制。

（4）光纤光栅应变传感器测试

包括：光纤光栅应变传感器实验测试、光纤光栅应变传感器工程测试、光纤光栅应变传感器改进优化。

（5）光纤光栅应变传感器应用

包括：桥梁立柱横梁应变监控、博物馆主体梁应变监测两个示范性工程应用。

三、社科课题示例

社科类课题也有多种类型，按照研究目的划分，有探索性课题、描述性课题和解释性课题三种类型。探索性课题的特点是发现问题、提出问题；描述性课题的特点是对社会现象进行解答；解释性课题的特点是对社会现象产生的原因进行解释。下面选择三个典型示例加以介绍。

（一）探索性课题

探索性课题也称先导性课题，属于尚无人涉足或者本身较新的问题。该类课题没有明确的假设，其目的在于对某一课题或某一现象进行初步了解。它既可以作为一项独立的研究，又可以作为进一步深入、周密研究工作的准备。

示例4：选自本书作者发表在《广西高教研究》1995年第3期文章中的研究内容。

1. 研究课题

市场场的基本规律初探。

2. 课题摘要

市场是商品交换的重要场所，它集中体现了商品的供求关系，对商品经济的发展起着重大的作用。因此，人们不仅在实践中不断积累市场经验，而且需要在理论上深入研究市场的运行机制，探索市场运作的基本规律，力求在宏观和微观两个方面准确地把握市场的变化状态，从而对商品的生产、流通、交换和消费进行有效地调控。本书作者根据商品的价值规律和流通规律，运用系统动力学和场论的方法对市场场的基本规律进行探索，提出市场场的7个基本规律并给出了相应的数学表征形式，初步建立起市场场的基本理论。

3. 研究内容

市场场理论是一门运用现代系统思想，将系统动力学方法、场论方法和信息工程与计算机技术相结合的方法研究市场的产生、发展及运动规律的综合性的新理论。本课题主要研究内容如下：

（1）市场场函数的定义及其数学表征形式。

（2）市场场的基本规律及其数学表征形式。

包括：价格波动律、商品流通律、市场吸引律、商品调运律、市场惯性律、市场弹性律、价值量守恒律。

（3）市场场规律的应用及实证分析。

（二）描述性课题

描述性课题没有明确的假设，其目的在于系统地了解某一社会现象的状况及其发展过程。该类课题通过对现状全面、准确的描述，解答社会现象"是什么"的问题。

示例5：选自本书作者发表在《中国学校卫生》2002年第23卷增刊文章中的研究内容。

1. 研究课题

大学新生SCL-90心理测试结果分析。

2. 课题摘要

目前，国内外大量调查资料显示，大学生群体的心理问题随经济发展和社会变化日趋明显。因此，对大学生心理健康水平的评估和调控已经成为学校教育工作中的重要方面。为了解大学生的心理健康状况及人格特点，建立大学生心理健康档案，有针对性地为学校心理咨询工作和心理卫生保健工作提供依据，本书作者以所在高校2000级新生为测试对象，采用SCL-90量表进行了心理测试，并对结果进行了详细分析，提出了相应的建议。

3. 研究内容

本课题主要研究内容如下：

（1）测试工具：SCL-90量表。

（2）测试对象：2000级新生1228人（男生907，女生321）。

（3）测试方法：包括样本分、信息采集、数据处理、指标测试和结果分析。

（4）具体建议：健全心理咨询机构，建立心理健康档案，开设心身保健课程等。

（三）解释性课题

解释性课题的目的在于试图对社会现象做出普遍的因果解释，解答社会现象"为什么"会产生。该类课题着重探询社会现象之间的因果关系，预测社会事物的发展趋势或后果。

示例6：选自美国著名社会学家贝克尔（Howard Becker，1928～）的一项研究内容。

1. 研究课题

吸食大麻者的研究。

2. 课题摘要

吸食大麻是一个现实的社会问题,它是一种具有复杂背景的社会越轨现象,已呈现出人数增加的趋势,并已成为艾滋病和其他犯罪的重要诱因之一。本课题在"越轨行为的产生是一系列社会经历连续作用的结果"假设前提下,通过对吸食大麻者的观察和访问,试图建立一种"如何成为大麻吸食者"的过程理论,揭示成为吸食大麻者的主要历程。该项研究对于人们认识社会越轨行为产生过程具有普遍的理论指导意义。

3. 研究内容

本课题主要研究内容如下:

(1)研究假设:心理学者常以个人心理特征来解释越轨行为。本课题的假设是:越轨行为的产生是一系列社会经历连续作用的结果,即人在这些社会经历中逐渐形成了一定的观念、认知和情景判断,它们导致了一定的行为动机或行为倾向。

(2)研究方法:实地研究,通过无结构访问和长期观察来收集资料,运用"列举归纳"和理解法来整理和分析资料。包括分析单位、抽样方案、访问提纲、调查时间和场所等。

(3)研究设计:描述性研究、纵贯研究(追踪研究)、个案调查。

(4)典型经历:吸食方法、初步体验、享受效果三个典型阶段,即接触—体验—享受。

(5)理论构建:抽象出接触、体验、享受概念,能够用之描述诸多社会越轨行为产生过程,并可建立一种"社会学得"理论反驳心理学的"个性"理论或"先天倾向"理论对社会越轨行为的解释。

【思考与习题】

1. 科研课题的来源主要有哪些? 各有什么特点?

2. 科研课题有哪些类型? 你将选定哪类课题进行调研?

3. 简要论述科研选题的一般原则及注意事项。

4. 科研选题有哪些方式? 简述其各自的优势。

5. 简述选题策略借鉴的必要性和重要意义。

6. 结合本专业技术工作,简述科研选题程序及其主要内容。

7. 举例说明信息的类型及其特点。

8. 如何进行科研课题的信息收集？

9. 什么是信息源的层次性？试对其主要内容加以阐释。

10. 结合专业，举例说明你经常使用的网络信息资源类型及主要内容。

11. 信息收集的标准有哪些？掌握这些标准有何意义？

12. 举例说明信息收集的方式及其在课题研究中的重要意义。

13. 你对查询所得的课题信息是怎样处理的？处理得是否合理、有效？

14. 你是否参加过课题组的课题申报答辩？有何体会和感受？

15. 调查并收集一下你所从事专业技术领域的科研热点问题。

第三章　典型科研方法

> 认识一位天才的研究方法,对于科学的进步并不比发现本身所具有的用处更少,科学研究的方法经常是极富兴趣的部分。
>
> ——[法]拉普拉斯

第一节　科研方法概述

探索自然科学的奥秘是一项艰苦而又光荣的事业,既无现成的答案可循,亦无平坦的大路可走,它需要研究者以坚定的信念、顽强的意志和不懈的努力去探索和追求。同时,这一工作也要拥有正确的科研方法做指导,才能有效地进行。

一、科研方法概念

1. 方法概念的演进

"方法"一词的英文 method 源于希腊语"沿着"(μηκο)和"道路"(οδικη),是 meta 和 hodos 的合成词,意指沿着某一道路或路径,达到某目标的做事过程或方式。"方法"一词的中文最早可见于《墨子·天志》,原意为量度方形之法,后转意为知行的办法、门路、程序等。

1620 年,英国哲学家、科学家弗兰西斯·培根(Francis Bacon,1561~1626)发

培根

笛卡尔

表《新工具》;1637年,法国物理学家、数学家、哲学家笛卡尔(René Descartes, 1596~1660)发表《论方法》。这两篇巨著代表着经验归纳法和假设演绎法的确立,成为科研方法发展的模式基础。

2. **基本概念的内涵**

科研方法是从事科学研究所遵循的、有效的、科学的研究方式、规则及程序,也是广大科研工作者及科学理论工作者长期积累的智慧结晶,是从事科学研究的有效工具。在科学发展历程中,不同的历史阶段有着不同的科研方法。即使是在同一时代、同一个学科中,不同科学家及科研工作者所创立或应用的科研方法也不尽相同。科学发展和技术进步是科研方法形成的基础,而新的科研方法的发现和创立,又使科研工作得以有效进行,从而促进科学和技术的新飞跃。

3. **两种概念的差异**

本书提出的科研方法,与一般意义上的科学方法有所不同。科研方法不能等同于科学方法。

(1)科研方法:指在科学研究过程中,为解决课题研究中出现的科学问题、技术难点所使用的研究方法,它注重科研过程实际问题解决的有效性和可操作性。

(2)科学方法:一般指从哲学的视角,将具体科研过程中总结出来的科研方法加以提炼,力图使其系统化并具有普遍性,强调采用的方法是否科学,注重研究方法的指导意义和学术价值。

二、科研方法层次

1. **哲学方法**

哲学方法是最根本的思维方法,是研究各类方法的理论基础和指导思想,对一切科学(包括自然科学、社会科学和思维科学)具有最普遍的指导意义,是研究方法体系的最高境地。与哲学方法密切相关的逻辑方法,是加工科学研究材料、论证科学问题等普遍适用于各门学科的具体思维工具。如抽象与具体、归纳与演绎、分析与综合等分析方法。

2. **一般方法**

一般方法是特殊方法的归纳与综合,它以哲学方法为指导,对各门学科研究具有较普遍的指导意义,也是连接哲学方法与特殊方法之间的纽带和桥梁。如经验方法(如观察、实验、类比、测量、统计等)、数理方法(如数学、模拟、理想化和假说等)和现代方法(如系统论、控制论和信息论等)等。

3. **特殊方法**

特殊方法是适用于某个领域、某类自然科学或社会科学的专门研究方法。由于各门学科具有自身的研究对象和特点,因此其科研方法也就各有不同。如粒子物理中的核—核碰撞实验方法,仪器分析中的气相色谱—质谱联用方法,固体物理中的 X 射线晶体衍射方法,光学检测中的光谱分析方法,地质学中的古生物化石相对年代测定方法,临床医学中的核磁共振成像检测方法,生理学中的条件反射方法,核医学中的同位素示踪方法,等等。

三、科研方法作用

哲学既是世界观,又是方法论,但哲学并不等于科学。作为科研方法,其作用在于能够引导科研工作者沿着正确的方向从事科研活动,而不至于误入歧途。作为科研者个人,一旦掌握了正确的科研方法,就会提高科研工作效率。从这个意义上讲,科研方法能够物化为科研生产力,促进多出成果,出好成果,出重大成果!另外,掌握了科研方法,对于研究者的治学大有益处,良好的治学方法能够有效地保证高质量治学!科研方法的重要作用体现在以下几个方面。

1. 正确的科研方法对科研工作的成败起着至关重要的作用

这是由于科研方法是构建知识体系和科学大厦必不可少的要素,而且能扩展和深化人们的认知能力与辩识水平。

欧几里德

例如,古希腊数学家欧几里德(Euclid,约前 330 ~ 前 275)是以他的《几何原本》而著称于世的。他的贡献不仅源于在这部巨著中总结了前人积累的经验,更重要的是他从公理和公设出发,用演绎法把几何学的知识贯穿起来,构建了一个知识系统的整体结构。直到今天,他所创建的这种演绎系统和公理化方法,仍然是科研工作者须臾不可离开的手段。后来的科学巨人如牛顿(Newton,1643 ~ 1727)、麦克斯韦(James Clerk Maxwell,1831 ~ 1879)、爱因斯坦(Einstein,1879 ~ 1955)等,因成功地运用了这种方法而创建了自己的科学体系。

再如,出生于 19 世纪的俄国化学家门捷列夫(Менделеев,1834 ~ 1907)并未亲自发现过一个新元素,但他却用分析和归纳的方法,将当时已经发现的 63 种元素全部排列进一张科学的周期表,并在某些地方为可能存在的未知元素留下了空位。化学工作者们以这张周期表为指导,不但改正了一些元素原子量的测量错误,而且还发现了一些被预测的新元素!门捷列夫创立

门捷列夫

的这种研究方法,同样给了后人以极大的启迪,而且是一种有着普遍意义的科研方法。

　　欧氏几何学大厦和门捷列夫周期系理论的建立是与他们采用正确的科研方法密切相关的。其中,若没有公理化的方法论体系,就不会有欧氏几何学系统;若没有门捷列夫周期系的研究方法,那些物质元素便只是一堆杂乱无章的符号。可以说,科研方法贯穿于科研工作的始终,对科研工作的重要性不言而喻。

　　2. 错误的科研方法会导致荒谬的结论甚至伪科学,有时会严重阻碍科学研究发现的进程

　　例如,牛顿是一位因创立了牛顿力学体系而蜚声世界的科学家,但他研究自然科学的方法却带有浓厚的形而上学色彩。他孤立地、绝对地看待"质量"与"力",试图把一切自然现象都归纳为机械运动。在机械唯物论的思想方法和宗教环境的影响下,牛顿陷入了唯心主义的泥潭,这导致他的后半生为神学所累,在科学上未再有建树,成为科学史上的一大憾事!

　　再如,在氧气的发现过程中,最大的障碍就是"燃素说",该理论严重阻碍了人们对燃烧过程的科学认识。"燃素说"认为:空气中有一种可燃的油状土,即为燃素;这种燃素是"火质和火素而非火本身",燃素存在于一切可燃物中,并在燃烧时快速逸出;燃素是金属性质、气味、颜色的根源,它是火微粒构成的火元素。按照"燃素说"的观点,一切燃烧现象都是物体吸收和逸出燃素的过程。"燃素说"在化学界统治时间长达将近一个世纪,而在 18 世纪初期,由于盲从这种理论而形成的非科学的研究方法,曾经导致一些科学家步入歧途,致使氧气的发现经历了漫长而曲折的过程,其中的教训是深刻的,很值得深思。

　　3. 科研方法在一定程度上决定着科研的成败,在科学史上相应的事例不胜枚举

　　例如,古希腊"最博学的人物"亚里士多德(Aristotle,前384 ~ 前322)是一位著名的哲学家和科学家,其观点摇摆于唯物主义与唯心主义之间。尽管他的思想方法与研究方式长期在欧洲处于统治地位,但由于唯心主义的影响,加上当时的环境和条件的限制,他对许多科学问题的认识并不正确。到了中世纪,他的一些错误观点被教会所利用,以致成为思想和学术发展的桎梏。

伽利略

　　再如,生活在文艺复兴时期的意大利科学家伽利略(Galileo Galilei,1564 ~ 1642),对亚里士多德的一些错误观点发起了冲击,所依据的就是实验科学方法。伽利略所做的摆动实验,否定了亚里士多德所做出的"单摆经过一个短弧要比经过一个长弧所用的时间短一些"的结论;他所做的落体运动实验,否定了亚里士多德"落体的运动速度与重量成正比"的结论;他还通过实验观察,支持和发展了哥白尼(Mikolaj Kopernik,1473~1543)的"太阳中心说",否定了"地球中心说"。伽利略所创立的实验科学方法,已经成为后来的研究者所遵循的最基本的科研方法之一。

第二节　典型科研方法

科学研究是人类的一种具有创造性的活动。方法问题是科研工作中的一个重要问题,事关科研工作的成效。正如古人云:得其法事半功倍,不得其法则事倍功半。科研方法是历代科学工作者集体智慧的结晶,是从事科学研究及技术发明的有效工具。俄国生理学家巴甫洛夫(Иван Петрович Павлов,1849~1936)曾指出:"初期研究的障碍,乃在于缺乏研究法。无怪乎人们常说,科学是随着研究法所获得的成就而前进的。研究法每前进一步,我们就更提高一步,随之在我们面前也就开拓了一个充满着种种新鲜事物、思维更辽阔的远景。因此,我们头等重要的任务乃是制定研究法。"

巴甫洛夫

一、逻辑方法

哲学是科学的基础之一,逻辑思维和方法则是哲学体系中极为重要的一部分。科学体系之中,同一学科的内部,一般具有严密的逻辑关系;不同的学科之间,也可以通过逻辑关系而紧密地联系在一起。在科学研究过程中,逻辑方法同样发挥着巨大的作用。

(一)归纳与演绎

科研中对研究对象的认识过程,是一个不断从认识个别上升到认识一般,再由认识一般进入到认识个别的循环往复、不断前进的过程。归纳与演绎就是这一科研认识过程中的两种相反的逻辑方法。

1. 归纳

(1)归纳的概念:指通过一些个别的经验事实和感性材料进行概括和总结,从中抽象出一般的公式、原理和结论的一种科研方法,即从个别到一般的逻辑推理方法。

(2)归纳的类型:根据是否概括了一类事物中的所有对象,可划分为完全归纳法和不完全归纳法两种基本类型。前者是根据对某类事物中的所有对象进行研究,从而对该类对象概括出一般性结论(即全称判断)的推理方法;后者是根据对某类事物中的部分对象与某种属性之间的本质属性和因果关系的研究,从而对该类对象做出一般性结论(即非全称判断)的推理方法。

(3)科学归纳法:指根据对某一类事物中部分对象与某种属性之间的本质属性和因果关系的研究,从而推论出该类事物中所有的对象均具有这种属性的一般性结论的逻辑推理方法。根据因果关系判断方式的异同,科学归纳法可分为五种形式,即求同法、求异法、同异并用法、剩余法和共变法。

(4)归纳的局限:主要指归纳的结论带有或然性,即由于研究对象的复杂性和巨量性,在实践中,人们要对事物进行完全归纳研究是很不容易的,甚至是不可能实现的。归纳法侧重事物的统一性而往往忽略其差异性,若使用不当则很容易以偏概全,得出错误的结论。

2. **演绎**

(1)演绎的概念:演绎法同归纳法相反,是指从已知的某些一般公理、原理、定理、法则、概念出发,从而推论出新结论的一种科研方法,即从一般到个别的逻辑推理方法。

(2)演绎的条件:使用演绎法推理得到正确的推理结论,必须满足以下两个条件:一是前提必须真实;二是逻辑联系必须正确。

(3)演绎的结构:演绎推理的主要形式是三段论,即大前提、小前提和结论。大前提是已知的一般原理,是全称判断;小前提是研究的特殊场合,是特殊判断;结论是把特殊场合归纳到一般原理之下,得出新知识或新结论。

(4)演绎的局限:主要指其忽视考察事物的共性和个性、统一性和差异性的矛盾,孤立的演绎难以全面地反映不断运动、变化和发展着的客观世界。

3. **二者关系**

(1)对立统一:是互相对立、相辅相成、不可分割的两种逻辑思维和推理方法。

(2)互为基础:归纳为演绎提供大前提,并检验和丰富演绎;演绎为归纳提供补充和逻辑操作。二者相互渗透,相互补充,互为条件。

(3)相互转化:在一定条件下,二者地位相互转化,从而实现从个别到一般,再从一般到个别的循环往复、不断发展的认识过程。

(二)分析与综合

科研活动中的思维形式有真判断和假判断之分,而在明确概念、做出判断、进行推理的逻辑思维过程中,需要运用分析与综合相结合的逻辑方法。

1. **分析**

(1)分析的概念:指研究者在思维活动中,把研究对象的整体分解为各个组成部分的方法,即将一个复杂的事物分解为简单的部分、单元、环节、要素,并分别加以研究,从而揭示出它们的属性和本质的科研方法,即从未知到已知,从全局到局部的逻辑方法。

(2)分析的特点:一是深入事物的内部,了解其细节和关系,从而揭示其本质;二是将整体暂时分割成各个部分,孤立地研究事物的部分属性,可以化繁为简,化难为易,提高研究效率。

(3)分析的途径:一是实验分析,即将研究对象的各个组成部分、各种因素从整体上分解开来,从实验上单独进行观察和分析;二是思维分析,即在思维中把研究对象的有机整体分解成各个组成部分,通过逻辑思辨单独加以分析和研究。

(4)分析的策略:使用分析方法需要掌握一定的策略。根据本书作者的科研经验,主要有两点,即"二分法":一是在一般矛盾中区分出主要矛盾和次要矛盾,重点分析主要矛盾;二是在主要矛盾中区分出矛盾的主要方面和次要方面,重点分析矛盾的主要方面。

2. **综合**

(1)综合的概念:指在分析的基础上,对已有的关于研究对象的各个组成部分或各种要素的认识进行概括或总结,从整体上揭示与把握事物的性质和本质规律的科研方法,即从已知到未知,从局部到全局的逻辑方法。

(2)综合的特点:科学综合与科学分析正相反,其特点是从整体上、从研究对象内部各组成要素之间的关联去研究和把握事物,是变局部为整体、变简单为复杂的方法,侧重对整体规律的把握。

(3)综合的作用:在科学研究和技术创新上,运用综合方法常常导致重要的发现或发明创造。其作用表现在:纠正偏狭思想,确立重要概念,构建完整体系。从物理发现的角度看,科学史上每一次大综合,都促进了新概念、新方法、新理论、新体系的建立。

3. **二者关系**

(1)对立统一:同归纳与演绎的关系一样,它们既相互区别,又相互联系,二者不可分割。

(2)相互依存:科学分析是科学综合的基础,科学综合是科学分析完成后的发展。

(3)相互转化:在一定条件下,二者可以相互转化,从而实现分析——综合——再分析——再综合……这样一个不断前进、不断深化的发展过程。

（三）抽象与具体

人们的认识总是从感性具体出发,经过科学抽象达到思维中的具体,从而获得对事物的完整、本质的认识。而抽象与具体就是这一科研认识过程中的重要逻辑方法。

1. **抽象**

（1）抽象的概念:指研究者在思维过程中将那些对研究对象影响不大的非本质因素剔除,抽取其固有的本质特征,以达到对研究对象的规律性认识的科研方法,即对事物本质和规律的概括或抽取的逻辑方法。

（2）抽象的原则:抽象一般遵循以下几种原则:

①实践第一:抽象的第一手材料必须从科研实践中采集。

②材料充分:掌握充分、必要和可靠的科研材料,是进行正确科学抽象的前提。

③逻辑思辨:科学的思维方法和思维规律,是进行正确而有效科学抽象的有利武器。

④综合概括:科学抽象的意义在于抽取的内容能够反映同类科研对象的本质特征,综合概括则是达到这一目标的有效途径。

（3）抽象的程序:毛泽东对此曾有过精辟的概括:"去粗取精、去伪存真、由此及彼、由表及里。"即从"感性的具体认识"上升到"理性的抽象认识",再由"理性的抽象认识"上升到"思维的抽象规定"。

（4）抽象的作用:科学抽象作用于研究对象将直接导致科学概念的产生,有助于深刻理解科研对象的性质和本质特征,有助于推动科学理论的建立和技术的发明与创造。

2. **具体**

（1）具体的概念:指研究者在思维过程中将诸多的特征因素或规定进行综合,使之达到多样性统一的研究方法,即将高度抽象的规定"物化"为思维中具有某种特性的对象的逻辑方法。

（2）具体的形态:一是感性具体,亦称完整的表象,是客观事物表面的、感官能够直接感觉的具体性的反映;二是理性具体,又称思维的具体,是客观事物内在的各种本质属性的统一反映,这种具体性是人的感官不能直接感觉到的。

（3）具体的特点:一是多样性,即事物因具体而呈现多样的特点;二是统一性,即具体的事物是作为多样性的统一而存在的。

（4）具体的局限:"具体"作为认识的起点,能够为研究者提供大量的、可见的、可感触的事物特征信息。尽管这些信息为深入认识事物的本质提供了基础,但尚不够全面,较为混沌,无法直接体现事物的内部规律。而要完成这一目标,则必须将感性具体上升到思维中的抽象规定阶段。

3. 二者关系

(1)对立统一:同分析与综合的关系一样,它们既相互区别,又相互联系,二者不可分割。

(2)相互依存:抽象是具体的基础,具体是抽象的综合。无抽象规定作基础,则无法形成思维中的具体;思维的具体是诸多抽象的综合。

(3)相互转化:在一定条件下,二者可以相互转化,从而实现从感性具体到抽象规定这一认识飞跃的目标。思维在实践的基础上,通过揭示各个抽象规定的内在联系,构建完整的思想体系,完成将抽象的规定转化为思维中的具体这一认识过程。

二、经验方法

科技创新需要科学事实的不断积累,只有获取大量的感性材料,并通过逻辑思维方法对其进行整理加工,才能够取得科技创新的研究成果。科研中的经验方法是收集第一手材料、获取科研事实的基本方法,是形成、发展、检验科学理论和技术创新的实践基础,是科研中一类重要的研究方法。以下是科研中的几种典型的经验方法。

(一)观察

1. 观察方法

科学观察,是指人们通过感官或借助于精密仪器,有计划、有目的地对处于自然发生状态下和人为发生条件下的事物,进行系统考察和描述的一种研究方法。因此,观察方法是探索未知世界的窗口。

2. 观察的意义

科学始于观察,观察为科研积累最初的原始资料。捕捉信息,是思维探索和理论抽象的事实基础,也是科学发现和技术发明的重要手段。科学观察是一种具有明确目的、并且需要获得问题答案的观察,该过程有时需要长期进行且反复多次才能完成。

3. 观察的原则

(1)客观性原则:从实际出发,实事求是地对待观察对象,务求剔除假象。

(2)全面性原则:要尽可能地从多方面进行观察,比较全面地把握研究对象。

(3)典型性原则:选择有代表性的对象,选择最佳时机、地点,保证观察的结果既具有典型意义,又不使观察过于复杂化。

(4)辩证性原则:在对观察的结果进行理解和处理时,要特别注意观察的条件性、相对性和可变性。

4. 观察的种类

观察有直接观察与间接观察之分。前者凭借人的感官感知事物,而后者则需借助于科学仪器或其他技术手段对事物进行考察。

5. 观察的偏差

(1)主观因素:兴趣爱好、思维定式、知识技能、心理影响等。

(2)客观因素:感官错觉、生理阈值、仪器精度、对象周期等。

(二)实验

1. 实验方法

科学实验,是指根据一定的研究任务和目的,利用一定实验仪器、设备等物质手段,主动干预或控制研究对象进行发展的过程,在特定的条件下或典型的环境中,去探索客观规律的一种研究方法。因此,实验是发现科学奥秘的钥匙。

2. 实验的特点

(1)主动变革性。观察与调查都是在不干预研究对象的前提下去认识研究对象,发现其中的问题。而实验却要求主动操纵实验条件,人为地改变对象的存在方式、变化过程,使之服从于科学认识的需要。

(2)控制性。科学实验要求根据研究的需要,借助各种方法技术,减少或消除各种可能影响科学的无关因素的干扰,在简化、纯化的状态下认识研究对象,起到加速或延缓研究过程的作用。

(3)因果性。实验是发现、确认事物之间的因果联系的有效工具和必要途径,实验过程为科研人员提供了种种线索去探索、认知大自然,揭示自然现象背后隐藏着的规律。因此,纵观自然科学发展的历程,可以说实验本身促成了自然规律的发现以及物理、化学等领域中定律的产生。

此外,现代科学实验与以往相比,具有规模扩大化、测量精密化、操作自动化、实施最优化、条件复杂化等新特点。

3. 实验的作用

实验方法可以简化和纯化研究对象,起到加速或延缓研究对象变化的作用。实验不仅可以为研究工作提供各种信息,还可以用来检验理论预测或假说的正确性。1965 年诺贝尔物理学奖获得者、美国著名物理学家费曼(Richard Phillips Feynman,1918～1988)说:"实验是一切知识的试金石。实验是科学'真理'的唯一鉴定者。"

4. 实验的类型

实验视其分类标准的不同,可有多种分类方式。

(1)根据实验方式的不同进行分类,可以分为探索实验、验证实验、模型实验等。

(2)根据实验在科研中所起作用的不同进行分类,可以分为析因实验、判决实验、探索实验、比较(对照)实验、中间实验等。

(3)根据实验结果性质的不同进行分类,可以分为定性实验、定量实验和结构分析实验等。

(4)根据实验场所的不同进行分类,可以分为地面实验、空间实验、地下实验等。

(5)根据实验对象的不同进行分类,可以分为化学实验、物理实验、生物实验等。

总之,随着自然科学的不断进步和实验手段的日益提高,实验的类型也会愈来愈多。

5. 实验的要求

实验的基本要求是:实验过程要规范,实验记录要详细周密,实验数据要真实可靠,实验结果必须能够重复,实验结论需经历理性思辨。实验的要领如下:

(1)有明确的目的性。

(2)有准确性和排他性。

(3)有简单性和可行性。

(4)有可再现性和鲁棒性。

(5)注意结果的反常性。

鲁棒性是英文 robustness 一词的音译,也可意译为稳健性。鲁棒性原是统计学中的一个专门术语,20 世纪 70 年代初开始在控制理论的研究中流行起来,用以表征控制系统对特性或参数摄动的不敏感性。

6. 实验的缺陷

实验缺陷的产生主要有如下几个方面的原因:

(1)实验假象:实验过程出现的现象并非是完全真实的。

(2)实验误差:其产生来自实验仪器和人为因素。

(3)实验极限:实验测量手段及范围并非是无限的。

(4)实验限制:实验受到包括仪器、环境以及方法等因素的限制。

（三）类比

1. 类比方法

类比方法，以比较为基础，是根据两个研究对象在某些特征上存在相似性的基础上，进而推测它们在其他特征上也可能存在相似性的一种科学研究方法。因此，类比方法是一座通向科技创新的桥梁。

类比方法通过两个事物之间的相互比较，找出事物之间的相似之处，从中发现规律，进而产生新的设想。类比就是要异中求同，同中求异。类比过程能够诱发人的想象力，刺激创造性设想。类比法是一种常用的推理方法，能否灵活地使用类比法分析问题和解决问题，是衡量一个人的思维是否具有创造性的标准之一。

2. 类比的特点

类比具有或然性和创新性特点。或然性主要指类比的根据不充分，可能造成类比的失效；创新性则是指充分的类比，可以发现研究对象的新特征、新规律，进而获得科学和技术的发明和创造。

3. 类比的模式

A 对象中有：a、b、c、d；

B 对象中有：a′、b′、c′；

那么，B 对象中可能有 d′。式中，A 和 B 是进行类比的（或两类）不同对象，a、b、c、d 指对象 A 中的属性（如对象的成分、结构、功能、性质等），a′、b′、c′与 a、b、c 之间存在着某种类似关系。在类比推理过程中，如果发现所揭示的属性 d′鲜为人知或由此悟出新的设想，便意味着这种类比推理产生了创造功能。

在科学发展史上，有许多利用类比法取得成功的实例。例如：物质波的发现——法国物理学家德布罗意（de Broglie，1892~1987）在研究中发现力学和光学理论有许多相似之处，当光学中的新发现——光的量子性得到证明之后，他联想到：既然光具有波粒二象性，那么物质（粒子）在具有粒子性的同时是不是也具有波动性呢？他不但运用类比方法提出了物质波理论，而且还进一步通过推理提出物质波的定量显示——德布罗意关系式，为量子力学的创立奠定了坚实的理论基础。

4. 类比的程序

类比的基本程序框图如图 3.1 所示。

类比研究的基本步骤如下：

（1）明确类比的目的，选定类比主题。

（2）通过查阅文献、调查等，广泛收集、整理资料。

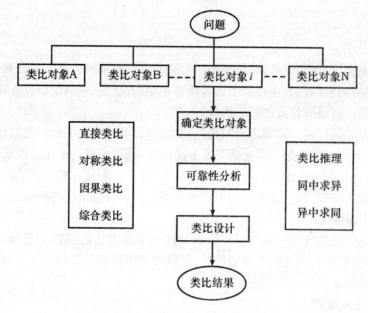

图 3.1　类比的基本程序框图

（3）采用恰当的类比方法，对资料进行比较分析。

（4）通过理论与实践的论证，得出较为科学的结论。

5. 类比的局限

类比方法的使用受到如下一些因素的制约：

（1）类比的两个研究对象之间相似程度不够。

（2）类比推理的客观基础受到限制。

（3）类比逻辑的理论根据不充分；等等。

（四）测量

1. 测量方法

测量是对所确定的研究内容或参量（指标）进行有效的观测与量度。具体而言，测量是根据一定的规则，将数字或符号分派于研究对象的特征（即研究变量）之上，从而使自然、社会等现象数量化或类型化。测量方法属于定量研究方法。

2. 测量要求

有效性是测量的基本要求，包括三个方面：准确性、完备性和互斥性。

（1）准确性：指所分派的数字或符号能够真实、有效地反映测量对象在属性和特征上的差异。数字方法提供了一种评判真实状态与符号系统在结构上是否具有一致性关系的有效手段。

（2）完备性:指分派规则必须能够包含研究变量的各种状态或变异。

（3）互斥性:指每一个检测对象(或分析单位)的属性和特征,都能以一个并且只能以一个数字或符号来表示,亦即研究变量的取值必须是互不相容的。

3. 测量指标

实施测量需要建立相应的测量标准,即测量指标。指标是被测量对象(自然的、社会的)某种特征的客观反映,与现象的质的方面密切相关。指标的建立,是为了定量阐述现象的差异或变异,以便精确描述被测量对象的某一特征。由于被测量对象特征的非单一性,一般需要构建指标体系(或综合指标)以精确描述其多种特征。

4. 测量操作

测量操作基本框图如图3.2所示。

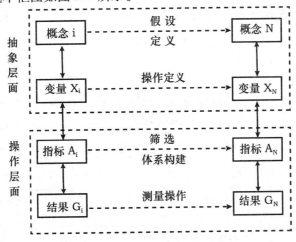

图3.2 测量操作基本框图

5. 测量信度

信度是指测量数据(资料)与结论的可靠程度,即测量工具能够稳定地测量到所指定的测量指标的程度。信度是优良的测量工具所必须的条件,为了获得真实可靠的研究资料,需要对测量信度进行评价。在结构化、标准化程度较高的测量中,影响测量信度的主要原因在于随机误差。一般而言,随机误差愈大,测量信度愈低。随机误差的来源主要有以下几个方面:

（1）测量内容:变量含义不清楚,指标内容不确定,测量指标不完整等。

（2）测量者:是否为专业人员,是否按规定程序和标准操作,是否记录得认真与完整,是否对被测量对象(如社科研究)施加影响。

（3）测量对象：是否耐心、认真、专注，是否受情绪波动影响，测量时间是否过长，测量环境是否改变等。

（4）测量环境：是否在同一时间、地点进行测量，是否有其他干扰因素存在，多次测量的稳定性、重复性问题等。

6. 测量效度

效度就是测量的正确程度，即测量结果确能显示测量对象所需测量特质的程度。效度是任何科学测量工具所必须具备的条件。效度愈高，测量结果就愈能显示其所要测量的对象的真正特质。影响效度的主要因素除随机误差之外，还有两个因素需要认真对待：

（1）测量工具：测量的效度在很大程度上取决于测量工具的质量。

（2）样本选取：样本的选取决定着样本的代表性，而样本的代表性则直接影响其测量效度。要选择正确的抽样方法，以保证样本的代表性，提高样本测量的效度。

（五）统计

1. 统计方法

统计方法是运用统计学原理，对研究所得的数据进行综合处理，以揭示事物内在规律的方法。统计方法为社会科学研究向深度和广度发展提供了新的可能，是定量研究社会现象的一种重要手段。统计方法的应用流程如图3.3所示。

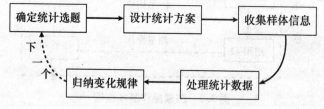

图3.3　统计方法的应用流程框图

2. 统计的特点

统计方法具有数量性、技术性、条件性特点。

（1）数量性：统计方法是一种定量分析方法，其研究对象具有数量特征和定量关系，分析过程表现为大量信息（诸多数据变量）的处理，结果也以若干统计量来表征研究对象的状态，并以数量特征揭示其内在本质及变化规律。

（2）技术性：统计方法是一种技术性较强的描述和分析方法，它需要研究者具备一定的数学基础，同时掌握良好的数据处理技术。如此，研究者才能灵活而有效地对大量数据进行综合处理，对获得的统计结果进行有效地分析并有把握地使用。

（3）条件性：统计分析一是需要获得足够多的有效样本，以满足统计分析的要求；二是需要选取有效的数据处理工具；三是需要借助一定的经验和相关的理论，对正确地判断统计结果的工作进行指导。

3. 统计的作用

统计方法的作用主要表现在以下几个方面：

（1）分析解释：任何事物都是质和量的统一体，人们对自然、社会等现象的理解，不能仅仅停留在对事物的表层认识，还应当通过对事物特征量的提取，量化特征量之间的关系，以揭示事物的内在联系和规律。利用统计方法对研究对象的各项特征进行量化并加以测量，再对所得数据进行科学抽象，不仅可获取某一项特征量的变化规律，还可通过对数据变化规律的分析，把握研究对象不同特征量之间的内在联系，并针对所得规律和联系给出客观的解释。

（2）简化描述：仅仅利用自然语言叙述众多自然现象和大量社会事实，不但容易导致表达繁杂累赘，而且难以明确地体现其内在的规律。统计方法能够以精确的数字来描述研究对象（如社会现象）的特征，从而将繁冗的描述大大简化，且更容易发现其中的内在规律。其中，特征量表或特征图就是直观、简明地展示复杂多变的关系的有效手段。

（3）判断推论：统计的目的在于为研究者提供全面、准确的现状分析，并做出科学的推论（或预测）。科学预测必须建立在大量统计、分析样本的基础之上，同时还需将研究对象系统内部的各项特征量之间的依存关系进行科学抽象，加之对因果关系的正确判断，方可得到较可靠的预测结果。

4. 统计的种类

在社会科学研究中，统计可分为描述分析和统计推论两种基本类型，它们均属于定量分析的范畴。描述分析的目的是对整理出的数据（资料）进行加工概括，从多种角度显现大量资料所包含的数量特征和数量关系；统计推论的目的则是在随机抽样调查的基础上，根据样本数据（资料）去推论总体的一般情况以及变化与发展趋势等要素。

5. 统计的局限

统计方法的使用受到如下一些因素的制约：

（1）样本的有限性：样本的不足或不均，会直接导致统计结果缺乏代表性，也容易浪费大量的人力、物力和财力。这是统计中需要认真加以避免的。

（2）参量的模糊性：某些参量（如行为、态度、幸福、悲伤、体会、评价等）具有相当大的不确定性，即使通过量表取得数据资料，也难以定量描述，其参量统计不可避免地存在很大的误差。

(3)研究对象限制:统计必须遵循一定的原则,限制在一定的范围,还须满足一定的条件。同时,也要考虑研究对象及社会背景。在对社会现象进行统计研究时,尤其不可机械地套用自然科学的统计模式,否则会导致错误的结论,甚至出现严重的谬误。

三、数理方法

理学是自然科学中研究物质内在规律的科学,数学则是研究自然科学最有力的工具。科研中的数理方法是模型建构、机理分析、结构设计、系统模拟等工作中不可或缺的手段,是科研中一类基础性的重要研究方法。以下是科研中几种典型的数理方法。

(一)数学

1. 数学方法的概念

数学方法是指将研究对象进行提炼,构建出数学模型,使科学概念符号化、公理化,通过数学符号进行逻辑运算和推导,从而定量地揭示研究对象的客观规律的方法。因此,数学是一种简明精确的形式化语言,数学方法是定量描述客观规律的精确方法,也是科研工作者应当首先掌握的科研方法。

2. 数学方法的特点

数学方法具有高度的抽象性和精确性,严密的逻辑性、辩证性以及随机性等特点。

3. 数学方法的作用

数学方法对自然科学的发展至关重要,它为科学研究提供了简洁、精确的形式化语言,为各门科学研究提供了定量分析和理论计算方法;采用公理化方法,还可以创立科学理论体系。

4. 数学模型的含义

根据研究对象的性质从中抽取变量,形成一套揭示和描述研究对象变量的性质及其规律的算法和关系式,这套算法和关系式所形成的系统就称之为数学模型。有些研究者数学基础比较好,但把实际问题抽象成数学模型或理论问题的能力尚有不足,这种能力需要在工作实践中努力加以培养。

5. 数学模型的类别

数学模型一般可分为确定性、随机性、模糊性和突变性等类型。确定性数学模型是由数学方程式来建立模型,各变量之间存在确定的关系;随机性数学模型是利用概率论和数理统计方法建立模型;模糊性数学模型是运用精确数学方法研究模糊信息中的规律;突变性数学模型是研究突变过程与现象中规律的一种新创立的数学模型。

6. 数学模型的建立

用数学方法解决实际问题,关键在于如何提炼数学模型。数学模型建立流程如图 3.4 所示。数学模型建立的步骤如下:

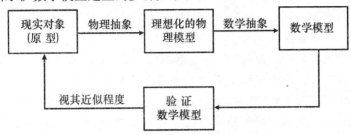

图 3.4 数学模型建立流程图

(1)根据研究对象的特点,确定所要建立的数学模型和选用的数学方法。

(2)确定能够反映所要研究的对象(包括要素、子系统及系统)及变化过程的基本参量和基本概念。

(3)对模型进行深入研究,从中抓住主要矛盾和根本特征,进行科学抽象。

(4)根据边界条件分析,对已获得的诸多关系式进行整理、简化,并对各个量进行标定。

(5)对模型方程进行求解,由已知的特征值求出各参量之间的规律,即由特解推广至一般解。

(6)验证数学模型。代入一系列特征值进行验算,充分检验其稳定性、收敛性及有效性等,并将各项指标与原型进行比较,进而修改并完善之。

7. 科研中的数学方法

著名数学家、"沃尔夫奖"获得者、"微分几何之父"陈省身(1911~2004)的数学研究范围很广,包括微分几何、拓扑学、微分方程、代数、几何、李群和几何学等多方面。他在研究工作中非常重视科研方法的应用,早在 20 世纪 40 年代,他就采用微分几何与拓扑学结合的研究方法,完成了黎曼流形的高斯—博内一般形式和埃尔米特流形的示性类论;首次将纤维丛概念应用于微分几何研究,引进了后来通称的陈氏示性类(简称陈类),为大范围微分几何研究提供了不可缺少的工具。

陈省身

他引进的一些概念、方法和工具,已远远超过微分几何与拓扑学的范围,并成为整个现代数学中的重要组成部分。

陈省身还是一位杰出的教育家,曾先后主持、创办了三大数学研究所,造就了一批世界知名的数学家。他晚年情系故园,每年回南开大学数学研究所主持工作,培育新人,并为使中国成为数学大国而尽自己的努力。

科研中的数学方法的学习和实践,对于理工科大学生在未来从事科学研究与工程设计意义重大。例如,信息与计算科学、金融信息技术、统计学,均要求从业人员掌握一定的数学方法。

在新兴交叉学科中,数学的应用更具有综合性,表现为灵活性与多样性相结合。数学方法的具体应用与该学科的发展及要求量化的精细程度有关,也可能因学科的需要以及数学本身的发展等因素而产生新兴的数学分支,进而推动数学乃至数学方法的广泛应用。对此预测目前还有些难度,但有一点是可以肯定的,即:在基础阶段多学习一些数学知识,多掌握一些数学方法,在思想上对数学多一分理解,将会给今后的科研工作带来潜移默化的便利,甚至意想不到的好处。经验表明,对未来从事科研工作的莘莘学子以及立志献身于科学事业的人而言,如果数学基础不扎实,数学方法未掌握好,那么在探索未知的道路上就很难走得更远。在科学发展史上,已经出现了诸多令人感叹和深思的实例。

(二)模拟

1. 模拟的概念

根据相似理论,首先设计并制作一个与研究对象及其发展过程(即原型)相似的模型,然后通过对模型的实验和研究,间接地对原型的性质进行研究,并探索其规律性,这就是模拟方法。因此,模拟方法在一定程度上可再现原型的内在规律。模拟方法是一种间接方法,其依据是相似理论,是工程设计的有利辅助工具,既可提高设计质量,又可缩短研制工期。此外,模拟方法在工艺学中也有重要应用。

2. 模拟的特点

模拟方法具有如下一些特点:

(1)以相似理论为基础,寻求建立模型与原型之间的对应关系,模型不是对原型因素的纯化,而是尽量涵盖原型的因素。

(2)用已构建的模型去模拟原型的某些功能以及复杂的变化过程。

(3)模拟的结果最终还是要通过真实的实验过程来验证,而模拟方法则可用之于最初的实验研究。

3. 模拟的种类

模拟的种类因考虑的角度不同而有多种分类形式,如物理模拟、数学模拟、智能模拟等。

（1）物理模拟：指以模型和原型之间在物理过程相似或几何相似为基础的一种模拟方法。

（2）数学模拟：指以模型和原型之间在数学方程式相似的基础上，用该模型去数值模拟原型的一种模拟方法。

（3）智能模拟：指以自动机（如计算机）和生物体（包括植物、动物及人体）的某些行为的相似性为基础，运用分析、类比和综合的方法建立模型，用该模型来模拟原型的某些功能或行为的一种模拟方法。

4. 模拟的作用

运用模拟可以提高工程和产品质量，缩短研制周期；用模拟方法培训复杂技术操作人员，既安全迅速，又节约有效；此外，模拟方法特别适用于研究处于危险环境或极端条件下的对象，对于生理、病理的研究，以及对宏观世界与微观世界中某些对象的研究也很有效。

人们根据相似理论，不仅可以确定相似现象的基本性质、必要与充分条件，而且还可以定量地设计模型，并把模拟实验的结果定量地应用到原型中去。例如：北京工人体育馆采用了悬索结构，建筑物直径达 94 米，设计时先后做了直径 5 米和 18 米的两个模型，分别进行了力学模型实验，通过实验积累了大量科学数据，为优化设计提供了可靠的依据。

5. 模拟的不足

模拟方法可以作为最初的实验研究之用，但不能代替真实的实验，特别是模型与原型之间的相似关系不能被确切表述的情况下更是如此。计算机模拟在科研中具有重要的意义和作用，但要避免完全依赖计算机进行科研活动（特别是实验）的倾向。要创造条件多进行真实的实验研究，获取实验数据，以保证科研工作的客观性。

（三）理想化

1. 理想化方法

理想化方法又称理想方法，是指根据科学抽象原则，有意识地突出研究对象的主要因素，弱化次要因素，剔除无关因素，将实际的研究对象加以合理的推论和外延，在思维中构建出理想模型和理想实验，进而对研究对象进行规律性探索的方法。因此，理想化方法是一种对问题本质高度抽象的研究方法。

2. 理想模型

理想化方法的一个重要应用就是建立理想化模型。理想化模型是指运用抽象的方法，在思维中构建出高度抽象的理想化研究客体。由于理想化模型突出了主要因素而忽略了次要因素,因而具有推测性、类比性和极端性等特点。例如:在机械振动分析中,若忽略弹性元件的质量而只考虑其弹性,则抽象出"弹簧振子"模型;又如:忽略物体形变而只考虑其质量分布及大小,可抽象出"刚体";若体积因素对问题研究影响不大可以忽略,则又可抽象出"质点";等等。

3. 理想实验

理想实验是指运用逻辑推理方法和发挥想象力,在思维中将实验条件和研究对象极度简化和纯化,抽象或塑造出来的一种理想化过程的"假想实验"。

4. 理想方法的作用

理想化方法是抽象思维的有效应用。采用这种方法,有利于在极端条件下探索研究对象的性质和运动规律,建立科学理论体系,而且具有检验或证伪假说或新理论的功能。在科研工作中,有意识地培养和训练抓住主要矛盾而忽略次要矛盾的能力,对课题研究意义重大:一是可使问题大为简化,而又不至偏差过大;二是通过对"理想模型"研究,可对实际发生过程进行模拟,通过实验检验,修正模型并使之符合实际;三是便于发挥逻辑思维的力量,使"理想模型"的结果超越现有条件,为课题研究指明方向,形成科学预见。

(四)假说

1. 科学假说

在科学探索过程中,人们在还没有深刻地认识其规律之前,往往先以一定的经验材料和已知的科学事实为基础,以已经掌握了的科学知识或经验为依据,对未知研究对象的内在本质及其运动、变化和发展的规律做出程度不同的猜测和推断,这种研究方法称之为科学假说。因此,从一定意义上讲,科学假说是科学研究理论的先导。

2. 假说的特点

假说比感性认识更有条理性和系统性,因而具有一定的科学性;又因其能解释已知的事实,且对新的现象和规律具有预见性,而其体系的正确性尚待实验检验或生产实践去测评,故具有一定的推测性和待证性。

3. 假说的形成

(1)提出基本假说:该阶段主要是以有限的事实为基础,依据相应的科学理论进行思维加工,提出能够解释现象、可以解决矛盾的基本假设。

(2)初步形成假说:对提出的诸多假设进行考察、试验,进一步积累事实并进行广泛的逻辑证明,使其成为稳定的结构系统,形成假说的雏形。

(3)假说的筛选:该阶段对已提出的各种假说雏形进行多方面的争论、甄别,剔除不合理的成分,保留大家基本趋向一致的内容,以此完成假说的筛选。

(4)建立较完整的体系:对筛选出来的假说进行深入研究,掌握更多的经验和科学事实,使之进一步充实和完善。通过论证和推导,使得该体系可以预言未来的事实和新的现象,并从中提出验证假说的实验方法。

4. 假说的作用

假说是通向真理的必由之路;科学假说能够减少科研工作的盲目性,增强自觉性;各种假说的争鸣能够推动科学技术不断发展;自然科学技术的发展形式是科学假说;错误的假说在科学技术发展中具有特殊的作用。

被大家公认的理论在经历了一段发展期后,新的科学事实出现了,以往的理论可能无法解释,这就需要更新观念,突破原有旧理论的束缚,提出新的假说。若假说通过了科学实验的验证,新的理论将随之诞生。

5. 假说的验证

假说可以采用直接验证法、间接验证法、逐步逼近法、排除法、反证法等进行验证。这些方法为科学假说的验证提供了一些合理而有效的途径。应当着重指出的是,尽管这些方法可以结合使用,其验证也有一定的可靠性,然而却不能代替科学观察和科学实验这一验证科学假说的最基本的途径。

四、现代方法

科学的发展,得益于千百年来无数科学研究者所付出努力的积累。随着时代的发展,传统的技术得到了快速的发展和革新,而各种全新的技术也层出不穷;经典的理论随着新事实、新现象的出现不断地被修改和完善,而各种新的理论也迅速地出现和发展。同样地,科研方法也随之发展和进步,原有的方法被赋予新意,同时许多全新的科研方法亦被提出并得到广泛应用。此外,人们在原有的经典方法的基础上不断创新、发展并赋予新意。于是,现代科研方法便应运而生。

(一)系统方法

1. 系统的概念

系统是由相互联系、相互依赖和相互作用的若干部分(或要素)按一定规则组成的、具有确定功能的有机整体。系统有三个特征:一是由相互联系的部分组成有机整体;二是有机整体具有新功能(即整体功能优于各部分的功能);三是系统有确定的功能。系统论作为一门科学(一般系统论),是由加拿大籍奥地利生物学家贝塔朗菲(L. V. Bertalanffy,1901～1972)于20世纪30年代创立的。

贝塔朗菲

2. 系统方法特点

系统方法具有如下一些特点:

(1)整体性:系统是作为一个整体而存在的,整体性是系统方法的基本出发点,即整体功能优于各组成部分(要素)孤立的功能。

(2)协调性:组成系统的各个部分(要素)之间相互作用、相互制约,有机地联系在一起。因此,客观事物的一切活动都处于自我协调的运动状态中,具有自我调节的能力。

(3)最优化:追求系统的最优化,是系统分析的出发点和归宿,即从多种可能的方案中寻找最佳效果和达到此目的的最佳途径。这也是较其他方法最为突出的特点。

(4)模型化:在考察、分析复杂的对象(如工程项目)时,需建立系统模型进行研究,以把握其基本的规律和功能。将系统模型数学化,可以实现对系统因素分析的定量化。

3. 系统方法步骤

运用系统方法进行一般系统研制的过程如图 3.5 所示。

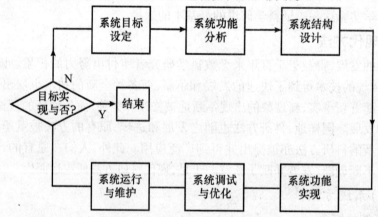

图 3.5　一般系统研制过程示意图

运用系统方法解决问题的基本程序如下:

(1)研究并制定系统总目标。

(2)设计若干方案,选择最优。

(3)建立模型并进行系统仿真。

(4)根据结果进一步优化方案。

(5)改进系统设计并完善其功能。

（6）检验并确定下一个研制目标。

4. 系统方法作用

系统方法的作用主要表现在以下几个方面：

（1）高效管理：重大科学研究、技术开发课题以及工程项目的规模庞大、对象复杂、任务繁重。在实施过程中使用系统方法，可以促进高效管理，提高研究质量，促进重要的科学发现和做出重大的技术发明。如研制原子弹的"曼哈顿工程"、载人航天的"阿波罗登月计划"等，就是很好的例证。

（2）科学决策：系统方法为研究、解决或处理复杂问题提供了一种有效的科学决策手段。贝塔朗菲提出的关于系统的"非加和性原则"，在科学决策中具有重要的指导意义。如何调配人才，如何使之在最需要的岗位发挥作用，是科研工作中最基本的问题之一。我国战国时代的"田忌赛马"，就是一例科学决策的典型事例。

（3）指导意义：系统方法首先在自然科学、工程技术及经济管理等领域得到应用，进而迅速扩展到社会科学的各个领域，成为几乎适用于一切领域的科研方法。该方法在考察和处理问题时，具体地体现了唯物辩证法关于事物的普遍联系、相互作用以及变化发展的基本原理。从这个意义上说，它对科研工作以及科研方法的发展都具有重要的指导意义。

（二）控制方法

1. 控制的概念

所谓"控制"，是指自然形成的和人工研制的"有组织的调控系统"。控制的目的，在于通过系统内外部的信息对其运行状态进行有效调控，使之保持某种稳定状态。"控制"现象普遍存在于自然界的生物系统、人体系统等诸多系统之中。在社会领域中，国家、政党、社团、科学、技术、军事、思维等系统中，也存在着"控制"现象。美国科学家维纳（Norbert Wiener, 1894 ~ 1964）是控制论的奠基者，他与合作者在 1943 年创立了控制论。中国著名物理学家、世界著名火箭专家钱学森（1911 ~ ）于 1945 年首创工程控制方法，把控制论应用于工程技术领域。

维纳

钱学森

2. 控制系统结构

控制系统主要包括施控系统、被控系统以及信息通道,如图3.6所示。

图3.6　控制系统结构示意图

3. 控制方法特点

控制方法基本特点如下:

(1)功能模拟:运用功能模拟与控制方法,可使机器模拟或再现人及生物的部分功能。例如,人工智能的实现,就是控制方法取得成功的重要标志,其中的人—机对话系统就是一个成功实例。

(2)人机结合:控制方法把人的行为、目的以及生理活动(如人脑和神经活动)与电子、机械运动相联系,突破了无机界和有机界的界限,把人与机器统一起来,从而揭示了不同物质运动形态之间的信息联系。

4. 反馈控制机理

实现对系统的控制,必须有信息反馈,控制与反馈二者都依赖于信息的输入、变换及输出过程。反馈控制机理如图3.7所示。

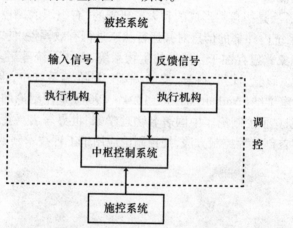

图3.7　反馈控制机理示意图

(三)信息方法

1948年,美国数学家申农(Claude E. Shannon,1916~2001)发表《关于通信的

数学理论》一文,奠定了信息论的基础。

1. 信息的概念

有关信息这一科学概念的定义,至今尚未形成统一的认识。以下是几种具有代表性的观点:

(1)狭义信息:信息就是消息,即通信系统所传输、检测、识别、处理的内容。

申农

(2)广义信息:广义信息是指事物的存在方式或运动状态,以及对这种方式、状态的直接或间接的表述,即人们感官所能直接或间接感知的一切有意义的东西。如电报、电话、电视、雷达、声纳、自然及人造景物等所传达的信号,生物神经传递的能量以及遗传因子等。

(3)申农观点:信息是负熵,可定义为"不确定性的消除",即信息量的大小可用被消除的不确定性来描述。

(4)维纳观点:"信息是有序性的量度",即信息是系统状态的组织程度或有序程度的标志。

(5)其他观点:信息是物质和能量在空间和时间中分布的不均匀程度,是伴随着宇宙中的一切过程所必然发生的。

2. 信息的特点

信息具有如下一些特点:

(1)普遍性:信息过程存在于一切运动的系统之中,系统的外在变化和内在变革能够通过信息的交换反映出来。

(2)存储性:信息可以借助存储介质(石刻、纸张、磁带、磁盘、光盘等)加以保存,以备日后待查。

(3)传输性:信息可以通过多种传递方式进行传输。古代人用口语、手势、火把、驿站等传递信息;现代人用人造地球通信卫星和光导纤维等进行传递信息,其效率有了极大的提高。

(4)扩充性:随着时间和空间的变化,信息通道不断扩展,导致大部分信息将不断地被扩充。

(5)压缩性:信息压缩有两种含义,一是简单压缩,即不改变内容而仅对其存储空间进行压缩;二是内容压缩,即通过整理、概括和归纳,将信息进行浓缩、凝练,使内容更加精炼。

(6)转化性:信息的转化性有两种含义,一是有价值的信息可以转化为效益、生产力和财富;二是信息会随时间和空间的变化不断更新。

(7)扩散性:现代社会变化多端,信息渠道多种多样,信息扩散势所难免,信息保密任重道远。

（8）分享性：信息与事物不同，它可以被无数人所接收和使用，它在传输、交换过程中，参与诸方不会因多次使用而失去原有的信息。

3. 信息反馈方式

信息反馈是指控制系统将输入的信息经过变换输出后，该输出信息作用于被监控对象以产生控制作用的过程。信息反馈有正反馈（通过反馈使输入信号强度增强）和负反馈（通过反馈使输入信号强度减弱）两种基本方式，如图3.8、图3.9所示。

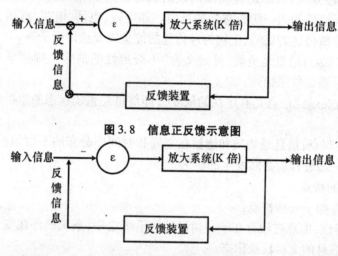

图3.8　信息正反馈示意图

图3.9　信息负反馈示意图

4. 信息方法作用

信息方法是指运用信息的观点，把系统的运动过程视为信息的传递和转换过程，通过对信息流程的分析和处理，实现对某个复杂系统运动过程内部规律性的认识。信息方法的作用主要表现在以下几个方面：

（1）功能抽象：信息方法完全抛开对象的具体运动形态，将系统的运动抽象成为信息的变换过程，即从信息流的传输和变换以及输入和输出之间的关系出发，去研究系统的特性和规律。因此，可以把类似相关的自然系统和社会系统抽象为信息过程，建立信息模型，对原型进行阐释。

（2）科学预测：事先掌握丰富、可靠的信息资料，对于科学决策和正确预测事态发展至关重要。现代化的生产过程涉及组织、计划、指挥、协调、控制等诸多管理，需要建立管理信息系统，通过控制生产过程的信息流来提高生产效率和产品质量。

(3)结构探析:科研工作中会经常遇到"黑箱"问题,即"黑箱"的功能已知,但结构尚不清楚。而信息方法则为解决"黑箱"问题提供了一种有效手段,即把"黑箱"视为一个信息系统,通过比较输入和输出的信息,揭示其内部结构与系统状态及功能之间的关系。

第三节 科研方法示例

一、抽象与具体方法示例

示例1:能量转化和守恒定律的发现与确立,就是抽象与具体方法联合应用的经典事例。

能量转化和守恒定律,是19世纪30~40年代在5个国家,由从事六七种不同职业的十多位科学家,通过研究蒸汽机的效率、人体的新陈代谢、电磁的转化等不同侧面而独立发现的。该定律揭示了热、机械、电、磁、化学等各种能量与运动形式之间的统一性,成为整个自然科学体系的基石。

1. 有关代表性的观点和思想

在能量转化和守恒定律确立之前,历史上有不少科学家和学者凭借其天才的推测或是严密的计算,对能量在多种形式之间相互转化过程中总和不变的规律进行了描述。其中一些具有代表性的观点和思想有:

伽利略提出了力学量守恒思想,并给予了该定律直观的表述;法国哲学家、数学家笛卡尔从哲学上提出了运动守恒思想,并于1644年提出了运动不灭原理;德国著名数学家、物理学家莱布尼兹(Gottfriend Wilhelm von Leibniz,1646~1716)提出了"活力"守恒观点;瑞士数学家伯努利(Jocob Bernoulli,1654~1705)提出了"活力"转化观点;瑞士数学家、力学家欧拉给出了"活力"守恒证明;1807年,英国物理学家托马斯·杨(Thomas Young,1773~1828)提出"能量"这一概念来对"活力"进行表征。到18世纪末,人们已经普遍相信用任何方法都不能建成永动机。

2. 有关代表性科研验证事件

19世纪30~40年代,许多科学家和专业人士通过不同的途径,从不同的侧面进行研究,分别提出了能量转化和守恒定律。其中部分具有代表性的科研验证事件有:德国医生出身的迈尔(Julius Robert Mayer,1841~1878)于1842年发表论文《论无机界的力》,成为第一个发表能量转化和守恒定律的人。英国业余物理学家焦耳(James Prescott Joule,1818~1889)是最先用科学实验确立能量转化和守恒定律的人,他先后用了20多年的时间,进行了大量的实验,并于1849年在《热的机械当量》一文中宣布了新的实验结果，热功当量值为 4.157 焦耳/卡（很接近精确值 4.1840 焦耳/卡）。德国物理学家、生理学家亥姆霍兹（Hermann Ludwig Ferdinand von Helmholtz，1821～1894）、英国业余科学家、律师格罗夫（William Robert Grove，1811～1896）、丹麦物理学家、工程师柯尔丁（L. A. Colding，1815～1888）分别从研究动物热、新型电池以及摩擦生热等不同途径，发现了能量转化和守恒定律。1853 年，英国著名物理学家、发明家开尔文（Lord Kelvin，1824～1907；原名 William Thomson，即 W·汤姆逊）对能量守恒定律进行了精确表述。

迈尔　　　　　　　　　　　　　焦耳

如今，对能量转化和守恒定律的一般表述为：能量既不会消灭，也不会创生，它只能从一种形式转化为另一种形式，或者从一个物体转移到另一个物体，而在转化与转移的过程当中，能量的总和保持不变。

能量转化和守恒定律的发现与确立过程，给人以深刻的启示。

1. 事物现象具体而本质抽象

任何事物都有它的现象和本质，事物的现象是大量、可见的，而其本质则是凝练、隐匿的。通过抽象的手段，可从具体的现象中提炼出事物的本质。在本例中，各种形式的能量及其转化都是具体的感性知识，而能量转化及守恒则是抽象的概念。科学工作者们对各种不同形式能量转化的具体现象进行研究，最终总结出抽象的能量转化及守恒定律，就是由现象到本质、由具体到抽象的过程。

2. 具体是对事物抽象的基础

科学抽象不是一个玄思过程，而是思维在观察、实验等实践中与认识对象的相互作用过程。科学实践是科学抽象的基础，占有充分可靠的科研材料是科学抽象的前提，掌握并正确使用科学的思维方法则是科学抽象的关键。在本例中，如果没有多位科学工作者进行的各项实验，也就难以最终总结出能量转化和守恒定律。

3. 抽象最终需要回归具体

科学抽象的目的在于提出科学概念，并运用概念对事实进行判断和推理，构建系统的科学知识。科学定律是从大量事实中总结出的，用它来预测实验现象，并对其加以验证和修正，就是由抽象回归具体的过程。能量转化与守恒定律被总结出来以后,科学工作者们又从各个领域、多种角度设计了大量实验对其加以验证,结果令人满意。

4. 抽象与具体要结合使用

科学抽象是一个过程,往往需要历经较长的磨砺,人们对其内涵的认识有时也会产生反复。因此,要把创新性的思维推理过程(如迈尔的推算)和严谨的科研验证过程(如焦耳的实验)结合起来,不能偏重二者之一。这种将科研意识、科研方法以及科研实践进行有机融合并灵活运用的能力,需要研究者及专业技术人员在科研活动中有意识地加以培养和训练。

二、实验与测量方法示例

示例2:基本粒子 J/ψ 的发现,就是实验方法和测量方法联合应用的经典事例。

丁肇中

1974 年 11 月 10 日,美籍华裔物理学家丁肇中(Samuel C. C. Ting,1936~)教授所领导的小组,在美国纽约州阿普顿国立布鲁海文实验室里,发现了一种新的基本粒子。该粒子十分独特,不带电且寿命相对较长(~10~20s),丁肇中把它命名为"J"粒子。在该日上午 9 时 20 分,由美国科学家里奇特(Burton Richter,1931~)领导的小组也在加利福尼亚州帕洛阿尔托的斯坦福直线加速器中心发现了这种粒子,并名为"ψ"粒子。为了纪念丁肇中小组和里奇特小组的各自独立发现新粒子的功绩,这种新粒子被重新命名为 J/ψ 粒子。1976 年,二人共同获得了诺贝尔物理学奖。

J/ψ 新粒子的发现,对今天的科研工作至少有三点启示:

1. 当代物理学的重大发现必须借助于高精密的实验仪器

J/ψ 粒子发现说明,没有一流的高精实验仪器和设备,无法获得一流的发现,也无法做出一流的科研工作。19 世纪末 20 世纪初,在发现电子及构成原子核的质子、中子后,物理学的研究进入了更小、更复杂的亚核粒子世界。但是物理学家很快就发现,以往的研究手段在亚核粒子领域无能为力。于是,物理学家便着手设计更为先进的实验工具,并于 20 世纪 40 年代左右制造出了加速器,从而打开了向亚核粒子世界进军的大门。

2. 高超的实验技能和创新思维是获得重大科学发现的前提

在现代科学研究中,研究者应具备高超的实验技能,并以创新的思维进行实验设计,寻找科学发现的突破点。丁肇中博士就是一位操纵加速器驰骋于亚核粒子世界的实验物理学大师,经过不懈的努力,终于取得了震惊物理学界的成果,为物理学的发展做出了巨大的贡献。

3. 高素质的研究团队及良好的合作攻关意识是成功的保证

现代科学研究和大规模技术开发是一种高强度、快节奏的集体行为,特别是重大课题的组织和研究,单靠少数人是很难承担的。建立一支高素质的研究团队,树立良好的合作攻关意识,培养研究成员取长补短、互相支持的习惯,是研究工作顺利开展并取得成功的保证。

三、数理科研方法示例

示例3:行星运动三定律的发现,就是观察方法和数学方法联合应用的经典事例。

著名的丹麦天文学家第谷(Tycho Brahe,1546～1601)一生辛勤地仰望星空,通过大量的观察,收集到了非常精确的天文资料。第谷是望远镜发明之前最后一位伟大的天文学家,也是世界上前所未有的最仔细、最准确的观察家。因此,他的记录具有十分重大的科学价值。

第谷

开普勒

作为第谷的接班人,德国天文学家开普勒(Johannes Kepler,1571～1630)很幸运地获得了这些宝贵的资料,他认为通过对这些记录进行仔细的数学分析,可以检验哥白尼日心说、托勒密地心说、第谷提出的学说这三者的正确性。但是,经过多年煞费苦心的数学计算,开普勒发现第谷的观察与上述三种学说都不符合。最终,开普勒发现了问题的结症:他与第谷、哥白尼以及所有的经典天文学家一样,都陷入了假定行星轨道是由圆或复合圆组成的传统思维。实际上,行星轨道不是圆形,而是椭圆形。找到问题的突破点以后,开普勒仍不得不花费数月的时间进行复杂而冗长的计算,以证实他的学说能够与第谷的观察相互吻合。1609年,开普勒发表了《新天文学》这部伟大的著作,提出了行星运动第一和第二定律。10年后,他又提出了行星运动第三定律。

开普勒发现行星运动三定律的过程,直接体现了科研方法学习与应用的重要价值。表现在:

1. 耐心细致的观察是获取科研真实资料的基础

从事科研工作需要耐心和毅力，有时需要历经长时间的寂寞。第谷一生辛勤观察行星运动，不厌其烦地进行大量的记录，为后人精细研究行星运动规律奠定了基础，是一位令人钦佩的天文学研究先驱。特别值得一提的是，在第谷观察行星运动的年代，望远镜尚未发明。可以想象，第谷的测量需要克服多么大的困难，需要多么大的毅力！这正是我们需要认真思考并实践的科研精神。

2. 深厚的数学功底是克服科研障碍的有力武器

行星运动三定律的发现过程表明，科研中数学是必要的，而且有时是必不可少的。第谷一生的工作仅限于对行星运动数据的收集，但由于数学的缺失，他未能对这些资料进行数理上的逻辑分析，导致行星运动规律这一重大科学发现未能早日面世。而完成这项划时代工作的任务，就历史性地落在了开普勒肩上。这一教训是深刻的，它提醒科研初学者要重视数学修养，多学习并掌握一些数学方法，为从事科研工作打好数学基础。事实上，由于数学在当时远不如今天这样发达，尚无计算机可以减轻计算负担，因此开普勒所面临的数学困难相当巨大。开普勒一生贫病穷困，在极度困苦的条件下坚持科学研究，专心致志探索行星运动规律并坚持17年之久，与大批枯燥乏味的数字打交道，前后历经70多次的猜测、试算和推演，并最终总结出行星运动三定律，也充分体现了开普勒深厚的数学功底和坚持不懈的科学精神。

3. 不迷信权威是获得重大科研成就的必备品质

科学史上不迷信权威，冲破传统理念取得的重大科研成果举不胜举。开普勒定律对行星绕太阳运动做了一个基本完整、正确的描述，解决了天文学的一个基本问题。这个问题的答案曾使甚至像哥白尼、伽利略这样的天才都感到迷惑不解。开普勒虽然提出了行星运动三定律，但当时却没能说明行星能够按其规律在轨道上运行的原因。直到17世纪后期，这一原因才由科学巨人牛顿阐释清楚。牛顿曾说过："如果说我比别人看得远些的话，是因为我站在巨人的肩膀上。"开普勒无疑是他所指的巨人之一，他对天文学的贡献几乎可与哥白尼相媲美。值得一提的是，开普勒所拥有的不迷信权威、富于创新的科学精神，使他取得了最后成功，这种科学品质非常值得我们在科研工作中加以学习和提倡。

四、现代科研方法示例

现代科研方法，虽然被冠以"现代"之名，但也只是指它们被正式作为理论提出并建立自身系统的时间并不久远。而其中的某些原理与实际操作手段，即使早在千百年前就已经得到了充分的应用。当然，在科学技术日益发达的今天，各类现代科研方法不仅形成了完整的系统，也得到了更广泛的应用与发展。下面列举古代与现代对科研方法应用的实例,对此类科研方法的效果进行说明,同时对此类科研方法在古代与现代的应用情况进行一些对比。

示例4:中国古代"一举三得"工程的设计与实施,就是系统方法应用的典型事例。

中国古人已知道并成功地运用系统论方法研究和解决复杂工程中的人力、物力和财力等综合调配问题,北宋科学家沈括(1031～1095)在《梦溪笔谈》一书中记载的"一举而三役济"故事就是一个典型实例。

沈括

该工程大意是:祥符年间,皇宫失火,楼榭亭台,付之一炬。真宗命晋国公丁渭负责,限期修复被烧毁的宫室。开工初期,有两个棘手问题需要解决:一是填充基地需要大量土,但取土地点离皇城很远,运费高,速度慢;二是从皇城外运送材料的船只停泊在汴河边,需通过陆路将材料运送到较远的施工现场,时间长,劳力巨。根据实际情况,丁渭采取了如下解决方案:一是"挖沟取土,解决土源",命令工匠从皇宫周围的街道上挖土烧砖,数日内,街道形成沟渠,创造性地解决了第一个问题;二是"引水入沟,运输建材",把汴河水引入新挖成的沟渠形成运河,再用很多竹排和船将修缮宫室要用的材料顺着运河运到皇宫周围,顺利地解决了第二个问题;三是"废土建沟,处理垃圾",在宫殿修复工作完成后,把烧毁的器材和建筑垃圾填进深沟,平整后仍为街道,有效地解决了开发、建设与修复之间的矛盾。实施这一"一举三得"的优化方案,既大大缩短了工期,又"省费以亿万计",堪称运用系统论方法解决复杂工程问题的典范。

示例5:中国"神舟"号飞船系列的研制、发射与回收,就是有关现代科研方法综合应用的典型事例之一。

中国古代先驱很早就有了"飞天"的梦想,而实现载人航天飞行一直是中华儿女的心愿。"神舟"系列飞船的研制与发射成功,圆了中国人的"飞天"梦想。自1999年开始,中国自行研制的"神舟"号飞船系列开始发射升空,至今已从"神舟"一号飞船发展到"神舟"七号飞船。从"神舟"一号飞船到"神舟"四号飞船,都是无人飞船。自2003年开始,"神舟"五号首次进行载人航天飞行(航天员杨利伟),历经"神舟"六号(航天员费俊龙和聂海胜)到2008年发射的"神舟"七号(航天员翟志刚、刘伯明和景海鹏),期间共有6位中国航天员被送上太空,实现了中国历史上第一次太空行走实验。中国航天员出舱进入太空挥动着国旗,开创了中国航天史上的新篇章,中国人登上月球并进行星际旅行的日期指日可待。

图3.10为中国航天员杨利伟在"神舟"五号舱内并列展示五星红旗和联合国旗。图3.11为中国"神舟"七号航天员出舱漫步太空并挥动中国国旗。

图 3.10

图 3.11

载人航天飞行是一个典型的将系统方法、控制方法和信息方法综合运用的工程。航天器结构异常复杂,推进舱、返回舱、轨道舱中的控制部件数以万计,操作指令不计其数,信息流时刻变化,其中的困难程度不可想象。要保证研制单位、科技人员、资源调配、跟踪控制、维护保障等诸多因素协调并有序运作,就必须采用现代科研方法加以管理。中国"神舟"系列飞船的研制及成功发射,是广大航天科技工作者付出无数心血和智慧而获得的成果。现代科研方法的应用,无疑也是实现这一宏伟目标的助力之一。

【思考与习题】

1. 什么是科研方法? 它与一般意义上的科学方法有何不同?
2. 简述科研方法在科研工作中的意义和作用。
3. 科研方法有几个层次? 简述它们之间的相互关系。
4. 科研工作中经常采用哪些经验方法? 你经常使用的是哪一种?
5. 科研工作中所采用的典型数理方法有哪些? 你最熟悉的是哪一种?
6. 简述逻辑方法的概念及其在科研工作中的意义。
7. 除本章介绍的三种现代方法之外,你还了解哪些方法?
8. 结合专业谈谈你对实验方法和类比方法的认识。
9. 试结合某一社科课题,谈谈你对分析与综合方法的认识。
10. 试论述数学方法的意义以及在科研工作中的重要作用
11. 模拟方法有何特点? 它在科技创新中有何意义与作用?
12. 调查并收集一些有关直觉促进科研成功的典型实例。
13. 结合专业筛选有关科研之经验方法的典型实例,并在小组会上交流。
14. 结合专业整理有关科研之数理方法的典型实例,并在小组会上交流。
15. 调查并收集有关科研之现代方法的典型实例,并在小组会上交流。

第四章　科研思维方式

> 一个民族要想站在科学的最高峰,就一刻也不能没有理论思维。
>
> ——[德]恩格斯

第一节　科研思维概述

任何一位科学家或研究者在从事科研工作的过程中,都必然需要运用理论思维,这是由科学本身的性质所决定的。科研过程是人对自然、社会以及精神活动的一种认识过程,它和人类的一切认识过程一样,都只能在一定的世界观、认识论和方法论的指导下进行。科学是用概念和逻辑的形式反映自然、社会及思维规律的知识体系,它要形成概念、运用逻辑、发现规律,最终建立起一个知识体系。正如中华人民共和国的主要缔造者毛泽东(1893~1976)在《实践论》中所指出的那样,"必须

毛泽东

经过思考作用,将丰富的感觉材料加以去粗取精、去伪存真、由此及彼、由表及里的改造制作工夫,造成概念和理论的系统。"

一、科研思维概念

1. 思维概念

思维是一种认识活动,是认识的理性阶段,是对感性材料进行加工,形成概念、判断、推理的过程。思维具有抽象性、概括性、间接性、逻辑性、加速性等特点。

(1)抽象性:科研的目的是发现研究对象中的内在规律,研究的过程就是发现规律的过程,即舍弃非本质因素而抽取本质属性的认识过程。

(2)概括性:在科研工作中,研究者需要把所发现的研究对象的本质属性进行概括,并凭借合理的假设、缜密的逻辑、足够的实验和科学的判断,将其推广到具有该属性的一类研究对象之中。

（3）间接性：研究者在借助科研工具（仪器）获取感性认识的基础上，通过大脑的科学思维活动，将其与记忆库中的知识进行比对、甄别，从而对研究对象产生间接的反映。

（4）逻辑性：科研思维属于抽象思维，而逻辑性是抽象思维的一种基本特性。因此，探索并总结科研活动中科研思维的逻辑方式及其规律，是研究者应该特别关注的问题。

（5）加速性：科研的目的在于探索并发现规律，而科研思维的运用则会有效地促进科学认识和科学发现过程。因此，科学思维是科研工作的加速器，正确地进行科学思维可以加速实现科技创新。

2. 科研思维

科研思维是研究者在科研工作中为解决科研问题而采用的科学思维方式。科研思维具有客观性、能动性、多样性、交叉性等特点。科研思维的基本过程如图4.1所示。

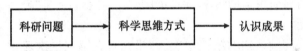

图4.1　科研思维过程示意图

二、科研思维价值

1. 科研思维促进科研方法

进行任何理论思维活动，都必须运用一定的思维方式，都要使用思维规定和逻辑范畴，而各种思维方式都是一定的方法论的体现，同时也促进了科研方法的发展。古今中外的诸多科学家及研究者在科学上的成败得失，既有客观因素，也有主观因素。在客观条件一定的前提下，支配他们进行研究的哲学思想和科研方法，将对其研究工作产生重要影响。共产主义运动领袖恩格斯（Friedrich Engels，1820～1895）曾经深

恩格斯

刻地指出："一个民族要想站在科学的最高峰，就一刻也不能没有理论思维。"理论思维仅仅作为一种能力而言并不是天生的，而是靠后天认真的观察、思考和科研实践，靠不断进行的思维锻炼获得的。

2. 科研思维促进全面发展

科研思维的重要性不仅体现在科研工作方面，在其他方面的作用也是不可忽视的。在当今竞争激烈的科学研究领域，大家在知识的广度与深度上也许相差不多，但不同的研究者一般拥有不同的思维方式，且在从事科研工作时对思维方式的

运用也有一定差别,这导致他们最终的研究成果往往差别很大。纵观整个科学发展史,可以发现:那些思维方式别具一格的人,往往能够取得巨大的甚至是惊人的科研业绩!

三、问题认知层次

科学研究的探索性,决定了科学工作者必须具有发现"科学问题"的能力。因此,从事科研工作,首先需要对科研"问题"有一个正确而清晰的认识。关于"问题"的认知层次,本书作者从科研的角度提出一种"三层次认知"观点。

1. 发现问题

发现问题是问题认知的第一层次,即研究者在本专业或感兴趣的相关领域,发现那些尚未解决(或未完全解决)并感兴趣的问题。

2. 梳理问题

梳理问题是问题认知的第二层次,即研究者把第一层次发现的问题逻辑化,并从中梳理出具有科研价值的若干"科学问题"。

3. 提炼问题

提炼问题是问题认知的第三层次,即研究者在第二层次若干"科学问题"中,提炼出能够解决的"科学选题",这要求研究者具有相当的科学眼力。

4. 问题认知示例

下面举一个本书作者科研选题的实例进行说明。

本书作者于 1999 年 10 月开始着手进行光纤光栅传感方面的研究。按照问题"三层次认识"方式,本书作者首先对有关光纤光栅传感方面的研究历史和现状进行了充分的调研,通过查阅大量国内外相关文献,结合所在课题组的科研条件和自己的研究基础,发现并确定了一个研究进入点,即"基于弹性梁的光纤光栅力学量传感器的设计与研制"课题。然后,本书作者将该课题进行分解,梳理出"基于悬臂梁的光纤光栅力学量传感器的设计与研制"、"基于简支梁的光纤光栅力学量传感器的设计与研制"和"基于扭转梁的光纤光栅力学量传感器的设计与研制"三个子课题。考虑到前两个子课题较为简单且已有所解决,而第三个子课题较为复杂且尚无相关的研究报道,本书作者从研究的可行性出发,最后提炼出"基于弹性梁的光纤光栅扭转传感器的设计与研制"作为科研选题。由于严格按照问题"三层次认识"方式进行选题,选择课题研究方法和策略得当,因此,课题研究在很短的时间内就取得了突破性进展,获得了预期的研究成果。研制的光纤光栅扭转传感器技术指标达到了设计要求,撰写的论文"Linearly fiber grating-type sensing tuning by applying torsion stress"很快被国际学术期刊《Electronics Letters》接收,并于 2000 年

8 月发表。

本书作者经历该课题研究过程有两点体会:一是问题"三层次认识"观点符合科研工作规律,严格按照该方式工作可以有效地进行科研选题;二是正确地选择科研方法和研究策略,有助于提高课题研究效率。该课题从调研选题、理论分析、设计研制、器件测试到发表论文等整个研究过程的完成仅耗时 10 个月左右,比计划完成时间提前了很多。

第二节　典型思维方式

人们对自然界的认识,是通过概念、判断和推理来进行的。而概念、判断和推理都是使人们通过科学抽象获得对客观事物全面、具体认识的思维形式。从事科学研究、掌握科学的思维方式,对于科学地认识研究对象、有效地揭示客观规律具有十分重要的意义。

一、典型思维类型

在科研工作中,典型思维主要有判断思维、推理思维、想象思维和直觉思维等类型。

（一）判断

1. 判断的含义

判断是反映客观现实的一种思想,是对研究对象有所断定的一种思维方式。与概念相比,判断是较为高级、复杂的思维形式,并以之为基础获得对研究对象本质、全体和内部联系的认识。

2. 判断的特征

一是有所断定,即必须对某一对象有所肯定或否定。二是或真或假,即判断本身是一个主观认识与客观实际的结合,若二者一致,则这一判断具有真实性,反之就是一个虚假的判断,即对于某一判断,二者必取其一。

3. 判断的辩证性

由主词、谓词和系词组成。判断由概念构成,概念只反映事物的本质属性,而判断则反映事物具有或不具有某种属性;概念与判断之间相互依赖,相互对立,判断通过概念反映事物的本质。

4. 判断的作用

判断是认识活动的成果,也是科研工作的工具。尤其是辩证判断,在当代科学研究中具有重要意义。在科学研究活动中,对任何问题、过程都需要进行真实的判断,可以说,没有判断,科学研究将无法进行,认识亦无法前进。

5. 判断的局限性

判断具有一定的局限性,主要表现在判断不能够简单地进行移植或迭加等操作。如特殊判断过渡到一般判断是否成立,取决于判断的前提、概念的使用以及判断之间的关联程度。

(二) 推理

1. 推理的含义

推理是由一个或若干个判断过渡到新的判断的思维方式,是比判断更为高级的思维形式。一切推理都是由前提(已知判断)、结论(推出的新判断)和推理根据(真实前提与结论之间的必然联系)三个部分组成。

2. 推理的种类

推理有多种分类方式,如直接推理和间接推理。前者是只有一个前提的推理,而后者则是有两个以上前提的推理。

3. 推理的意义

推理如同概念、判断一样,具有其客观基础。推理过程中涉及的研究对象并非孤立,而是具有内在一致的联系性。推理过程受到研究者的控制,具有积极、主动的特征。推理最大的特点在于该过程可以使人获得新认识、新结论。

4. 推理的局限性

推理的局限性主要表现在需要拥有严格的前提、结论和根据,因此,推理过程相当严谨,不能够随意使用未经证实的猜想或模糊的结论作为前提,也不能够得到模糊的结论。提出和证明猜想,已经成为当今创新的一条重要途径,仅仅使用严格的推理对创新有一定的约束作用。例如,进行类比推理时,需要保证一定的条件,如进行推理的前提事实要可靠、推理根据的属性应具有可类比性、各个判断之间的逻辑具有必然性,等等,否则得到的推论是不可靠的。

(三) 想象

1. 想象的含义

想象是人类所拥有的一种智能,是一种高级的形象思维活动。科学想象是指研究者在反复思考一个问题时,对已有的表象进行加工和重新组合而建立新形象的过程。想象往往能够激发灵感,有助于创造性的思考。

2. 创造想象

按照预定的目的,依据现成的描述,在人们的头脑中独立地创造出来新的形象"蓝图"的过程,即称之为创造想象。科学研究中的理论构建、工程技术发明等,均需具有创造性的想象思维为之开路。在创造想象中,建立新形象常用的手段是联想、拼接、移植、扩大或缩小等。

3. 想象的作用

物理学家爱因斯坦指出:"想象力比知识更重要,因为知识是有限的,而想象力概括着世界的一切,推动着进步,并且是知识进化的源泉。严格地说,想象力是科学研究中的实在因素。"可以说,想象力是科学发现和技术发明过程中不可或缺的因素,它并非单独工作,而是物化在整个研究过程之中,并起到催化科研成果诞生的作用。

4. 培育想象力

想象力是一种十分可贵的才能,但并非天生固有,而是通过后天的学习、锻炼而产生,并在科研实践中被逐渐地培育起来的。渊博的知识积累、丰富的记忆表象储备、勤于动脑思考、善于吸纳他人智慧、勇于开拓创新以及有目的、有方向性的联想等,这些条件都有助于想象力的培养。科研实践亦证明,拥有良好的想象力,有助于挖掘灵感源泉、激励创新思想、突破科研难题等。

(四)直觉

1. 直觉的定义

直觉,一般指对研究情况的一种突如其来的领悟或理解,亦指突然跃入脑际的、能阐明问题的思想。所谓直觉方法,是指在经验基础上不经过逻辑推理,而凭借理性直观,直接且迅速地获得对事物本质认知的洞见能力和方法。恰当地利用直觉,有可能直接从大量错综复杂的数据中迅速提取出关键内容,总结出规则、定律。

2. 直觉的特点

直觉思维往往表现在研究问题时突然对问题有所领悟,直接跳过逻辑思维的某些论证环节而获得认识上的飞跃。直觉一般产生于大脑的潜意识活动,这时,大脑也许已经不再自觉地注意这个问题,然而却还在潜意识中继续思考它,一旦获得结果,就有可能被捕捉到而形成直觉思维。在该思考过程中,调用资料和进行判断均在潜意识中进行,因此思考速度可能远远快于表层意识。由于通过直觉得到的结论并未经过严格的逻辑推理与认证,因此该结论未必可靠,很可能存在疏漏甚至错误。从这个意义上说,直觉思维具有突发性、跳跃性、或然性和不可靠性等特点。

3. 直觉的作用

直觉在科研及创造活动中有着非常积极的作用,其功能主要体现在两个方面:一是直觉有助于研究者提出创造性的预见。创造都要从问题开始,而问题的解决,往往有许多种可能性,能否从中做出正确的抉择就成了解决问题的关键。二是直觉能够促进研究者迅速做出优化选择。直觉往往偏爱知识渊博、经验丰富并有所准备的人,只有那些具备深厚的功底的研究者,才有可能在很难分清各种可能性优劣的情况下做出优化抉择。

4. 直觉的产生

直觉出现的时机多为大脑功能处于最佳状态的时候,而思绪繁杂、混乱或疲惫时一般不容易产生直觉。在大脑功能处于最佳状态时,大脑皮层形成优势兴奋灶,对特定的信息进行迅速而准确的分析,使出现的种种自然联想顺利而迅速地接通。直觉经常出现在不研究问题的时候,要善于捕捉。直觉转瞬即逝,因此,必须随时记录,最好是用笔记下,以备后查。专注的思想活动,诸如学术讨论、感情刺激、思想交流等形式,对直觉有积极的促进作用;使注意力分散的其他兴趣或烦恼、工作过劳、噪音干扰等,将有碍于直觉的产生。

二、创新思维简介

1. 创新

创新是一个非常古老的概念,英文为 Innovation,该词起源于拉丁语。本书作者认为:创新包括三层含义:一是"创造",即由无到有;二是"更新",即以新代旧;三是"改变",即固而思变。

创新作为一种理论形成于 20 世纪初。1912 年,美国哈佛大学教授熊彼特(Joseph Alois Schumpeter,1883～1950)在其德文著作《经济发展理论》中,首次提出了创新的概念。熊彼特认为,"创新"就是把生产要素和生产条件的新组合引入生产体系,即"建立一种新的生产函数",其目的是为了获取潜在的利润。熊彼特的理论一开始并没有引起足够的重视,直到1934 年他的作品用英文出版后,才引起了学界的广泛关注。

熊彼特

2. 创新思维

有关创新思维的概念,国内外学者有诸多观点,目前学术界还没有一个统一的定义。以下是本书作者归纳的几种对创新思维的解释:

(1)创新思维是在非常规的刺激下,通过非逻辑思考方式产生的顿悟或启迪。这种解释强调了思维活动中灵感、直觉、想象等因素的关联和激发作用。

(2)创新思维是对常规思维的突破,是逆常规思维认识事物的一种新的思维方式。创新思维的产生通常是在偏离正常思维的轨迹上(如反向思维、发散思维等)实现的。

（3）创新思维是一种与生俱来的天赋。这种解释片面强调了人的天赋的作用,忽视了后天的学习和训练。天赋固然重要,但若无知识学习、经验积累以及技能培训,创新思维就无从谈起。

（4）创新思维是思维发散与收敛交替轮回的作用过程。这种解释给出了一种创新思维产生过程的模式,但也仅是揭示了创新思维的一个特征而已。

本书作者认为,如果把思维比喻成人类的智慧中最美丽的花朵,那么创新思维就是这朵花里最高贵的花蕊。正是有了创新思维这种新型思维方式,人类的科学技术水平才得以如此高速地发展和进步。

3. 创新思维特征

创新思维具有如下基本特征:创新性、批判性和灵活性。

（1）创新性:创新性是创新思维的基本特征和主要标志,评价创新性最重要的指标是思维成果的新颖程度。其中,创新程度的最高级别是独创。

（2）批判性:批判性一般指对新旧理论间矛盾的取舍。研究者在发现新现象、新事实与既有知识、经验和定律相矛盾且采用常规思维方式无法解决该矛盾时,创新思维的批判性就显得特别重要。

（3）灵活性:主要指研究者的思维活动不受常规思维定势的束缚与局限,并且能够根据具体的科研对象自由、灵活地采用多种思维方式探索问题的答案。

4. 创新思维形式

科研过程是一个创新过程,该过程的完成往往需要采取多种科研方法和思维方式,而其中的创新思维并非以单一的形式出现,而是表现为多种形式思维的综合运用。本书作者根据多年的科研经验,归纳出以下三种创新思维的基本形式:

（1）弹性思维:指思维在广度和深度层面具有弹性特点的思维方式。代表性的弹性思维包括发散思维、收敛思维和联想思维等类型。

（2）多元思维:指思维的指向不拘泥于单一的方向去分析、探索问题的思维方式。从一维思维空间的指向考虑,具体有正向思维和反向(或逆向)思维;从多维思维空间的指向考虑,有类比思维、水平思维、纵向思维等。

（3）跳跃思维:指思维直接越过逻辑思维的某些既定环节或改变某些操作步骤,非常规地获得结论。跳跃思维是非循序渐进的思维过程,其跳跃性会带来认识上的某种突变和飞跃。跳跃思维的具体形式有灵感、直觉、想象等。

三、创新性思维训练

（一）创新思维过程

法国著名数学家彭加勒(Henri Poinaré,又译作庞加莱,1854～1912)认为,创造性科学思维活动是三段式的,需历经问题提出、探索创造和整理完善三个基本阶段。

彭加勒

1. 问题提出阶段

该阶段是创造性科学思维活动的第一阶段,是进行有意识活动的阶段。在这一阶段,科研人员提出问题,并调动自己已有的知识去解决它。但当已有的知识不足以获得创造性的结果时,就必然要寻求全新的解决思路和途径,这时便开始进入思维的第二阶段。

2. 探索创造阶段

该阶段是创造性科学思维活动的第二阶段,通常是进行无意识活动的阶段。由于问题如何解决仍然未知,因此,研究者的思维异常活跃,概念、原理、公式、方法等各种已有的"知识单元"开始试探性地进行无意识的自由组合,同时通过直觉、经验对这些组合进行筛选。其中,最有价值的组合总能给人以最大的和谐感。对于直觉能力强的科学家而言,他们能够在一瞬间抓住这样的组合,并努力使之上升为创造性的成果。得到了创造性的成果,就可以进入思维的第三阶段了。

3. 整理完善阶段

该阶段是创造性科学思维活动的第三阶段,是进行有意识活动的阶段。通过对创造思维成果进行逻辑组织和严密的表述,创造性成果会得到进一步的整理和完善。

(二)创新思维训练

在占有详尽资料的前提下,科技创新活动常常需要拥有科学的思维。那么,应该如何进行创新思维的训练? 根据本书作者多年科研的切身体会,以下几个方面值得注意。

1. 科研逻辑方法的学习与应用

学习并正确地应用科研之逻辑方法是创新思维训练的必要前提。在科学研究和技术开发过程中,尤其是实验(或实证)性课题的研究,常常会获得大量的数据。要得出一般性的结论,就必须采用分析与综合的方法对这些数据进行处理。分析是在综合指导下的分析,综合是分析的提高,两者是相辅相成的,不可割裂。归纳与演绎、抽象与具体也是科研中常用的逻辑方法。归纳是从特殊到一般,可以看成是分析、综合、抽象的一个过程;而演绎则从一般到特殊,由已知的一般性结论推出某些特定或具体条件下的未知情况。在开始某一实验之前,我们常常需要根据某一已知的理论,演绎可能出现的实验结果;实验结束后,就必须对实验数据进行分析、归纳,得出较为普适性的结论。由此可见,逻辑方法在科研中具有重要的作用,要想在科研中取得成果,必须对逻辑方法有一定的掌握。

例如,牛顿第一运动定律的提出,就是科研之逻辑方法具体应用的一个很好的例证。

1687年,牛顿发表了《自然哲学的数学原理》一书,正式提出了三条运动定律,这也成为经典力学的基础。其中,第一定律,又称惯性定律,是三条定律的基础。第一定律的提出,是科研工作中归纳和演绎方法的具体应用。

古代,人们对运动的观点多来自于生活实践。由于移动物体通常需要力的作用,而不施加力的物体一般会逐渐

牛顿

停止运动,因此亚里士多德提出了"力是维持物体运动的因素"这一观点,并且得到不少人的赞同。

一直到17世纪,这种观点才被动摇了。伽利略通过大量的实验,发觉这一观点存在问题。他在实验中让小球从一个斜坡上滚落,小球会滚上另一个斜坡,但不能够到达原先的高度,且轨道越光滑,到达的高度就越大。因此,伽利略得出结论:力不是维持物体运动的因素,导致物体停止运动的因素是摩擦力等阻力。接着,伽利略利用外推法对理想条件下的情况进行了推测:当斜坡绝对光滑时,小球可以升到原先的高度,且不受斜坡倾角的影响;当斜坡完全放平时,小球将一直运动下去,速度恒定,永不停止。继伽利略之后,笛卡尔将这一条件推广,指出:小球不仅会保持速度不变,运动方向也不会改变,将沿着最初的方向进行直线运动。最终,牛顿对前人的工作进行了总结,提出了第一定律,即:一切物体均会保持静止或匀速直线运动状态,直到有外力迫使它改变这种状态为止。他同时提出,物体本身具有维持自身运动或静止状态不变的性质。虽然无法用实验直接验证第一定律,但通过第一定律得到的一切推论都已经承受住了实践的考验。因此,第一定律已经为世人所公认。

伽利略、笛卡尔、牛顿等人的工作,具体地应用了逻辑方法中的归纳与演绎方法,从大量的实验现象中提取出共同规律,再对这一规律进行理想化的推广,最终得到了普遍适用的规律。亚里士多德的观点虽然也经过了对事实的归纳,但由于他没有完全理解事实中的全部因素,导致得到的结论与事实相违背。由此可见,逻辑方法需要严密的观察和推理,切不可仅凭经验空想。

2. 创新思维方式的学习与实践

学习并实践创新思维方式,是训练创新思维的有效途径。例如,弹性思维中的

发散思维,对于拓展问题的解答思路就具有十分重要的意义,第二次世界大战中的鱼雷"登陆"作战就是一个很好的例证。

在第二次世界大战期间,前苏联的一艘潜艇发现,德国在新罗西斯克港设有特殊的布防,在高厚的防波堤后面,修筑了迫击炮和大口径机枪阵地。苏军认为,要在这个港口登陆一定会遭到德军的猛烈反击。对防波堤后面的布防,苏军舰艇上的炮火无法准确攻击,而用飞机轰炸又会遭到德军防空火力的强大反击。针对这种情况,苏军多次召开作战会议进行研究。有位舰长提出用鱼雷去对付迫击炮,并讲述了一次演习的亲身经历。在那次演习中,他们舰艇发射的一枚鱼雷从海面冲到沙滩上滑行了 20 多米。这说明鱼雷具有"登陆作战"的可能。

苏军对这项建议很重视,立即着手鱼雷"登陆作战"的调研。当时,摆在面前需要克服的主要问题有两个,一是如何防止鱼雷碰撞防波堤后爆炸的问题,二是要使鱼雷越过防波堤在迫击炮阵地上引爆。苏军兵器专家、军械人员绞尽脑汁去攻克这些难题,终于发明了一种合适的惯性引信,使鱼雷可以飞过防波堤高度之后爆炸。通过改装鱼雷并进行实弹试射,结果令人满意,证实了鱼雷可以用于"登陆"作战。在正式攻击新罗西斯克港的战斗中,针对港内防波堤,苏军一个中队的鱼雷艇发射了数十枚鱼雷。这些鱼雷冲出水面,越过防波堤在德军阵地内爆炸,德军瞬间失去了战斗力。于是,苏军发起登陆冲锋,很快占领了港口,取得了此次战役的胜利。

该战役给人诸多启示:按照常规思维,鱼雷是水中兵器,迫击炮是陆上兵器,二者风马牛不相及,将其结合似乎是不可能的。然而,战争形势复杂,战场情况多变。就某一局部战役而言,往往会遇到使人难以预料的困难局面。为了夺取胜利,必须根据当时的具体情况采取灵活多变的战略战术。上述鱼雷"登陆"作战,就是成功运用发散思维,将水、陆两种武器有机结合,摆脱不利局面并夺取最后胜利的典型战例。

有鉴于此,对于那些计划将科研作为自己未来职业的专业技术人员而言,在当今这个需要不断创新的社会中,更应当不断地开拓进取,努力培养自己的创新思维。

3. 有效克服思维活动中的障碍

常识、习惯和经验常常会影响并束缚人们的创造力。思维定势是人们从事某项活动时的一种预设心理状态,这种状态一旦形成某种程度的固化,就容易导致思维活动出现障碍。从这个意义上说,科技创新必须跨越常识,突破习惯,修正经验。

例如,能量子假说的提出,就是有效克服思维活动障碍的一个很好的例证。

19 世纪末,黑体辐射问题是困扰物理学家们的重大难题之一。所谓黑体,是指在任何温度下,都能将入射的任何波长的电磁波全部吸收而没有一点反射的一种物体。在相同温度下,黑体所发射出的热辐射比任何其他物体都强。当然,自然界并不存在这种理想的黑体,但在某些条件下可以找到近似于黑体的物体。然而,科学家在研究黑体辐射问题时,却遇到了被称为黑体辐射的"紫外灾难"。

当时,科学家通过对黑体辐射的研究总结出了若干经验定律。1896年,德国物理学家维恩(Wilhelm Carl Werner Otto Fritz Franz Wien 1864~1928)根据热力学理论,把光看作一种类似于分子的东西,提出了一个经验公式。维恩公式在短波波段与实验数据相符,但是在长波波段却失效了。后来,英国物理学家瑞利(Third Baron Rayleigh,1842~1919)与英国数学家、物理学家、天体物理学家金斯(James Hopwood Jeans,1877~1946)根据经典电动力学和经典统计物理学,把光看作是振动着的波的汇集,提出了另一个公式。但瑞利－金斯公式仅适用于长波波段而不适用于短波波段。特别值得指出的是,使用瑞利－金斯公式将推出一个荒谬的结论:在短波紫外光区,理论值随波长的减少而很快增长,以致趋向于无穷大,即在紫色一端是发散的,这显然与实际不符,因为在一个有限的空腔内,根本不可能存在无限大的能量。面对理论推论与试验结果之间出现的巨大矛盾,当时的物理学家无法做出合理的解释。所以,人们就把这个科学难题称为"紫外灾难"。

普朗克

20世纪初,为解释"紫外灾难"这一问题,德国物理学家普朗克(Planck,1858~1947)采用内插法,创造性地提出了黑体辐射能量密度公式,并精确地描述了已获得的实验结果。但是,该公式中引入了一个"普朗克常数",无法由经典物理的理论推出。特别值得一提的是,该公式对黑体辐射的能量的描述不是连续分布的,而是间断地、一份一份地进行,这与经典的能量均分原理相矛盾。经过多次失败和痛苦的思考,普朗克尊重事实,突破了经典物理的思维定势,勇敢地提出了能量子假说。这一新的观点把人们带入一个神秘莫测的近代物理领域,并直接导致了量子力学的建立。

4. 大胆怀疑、缜密求证、超越自我

批判性是创新思维的基本特征之一。批判的前提是怀疑。对研究者而言,怀疑是一种科研的基本素养,是从事科研工作很有价值的一种思想素质。自信是对自己有信心的一种肯定性心理状态。从事科技创新活动,研究者需要在新发现的科学事实基础上,重新对以往的观点、理论、结论和经验等进行评价,而在这一过程中,研究者不断地怀疑、论证、评价,逐步建立起怀疑、批判的自信心,并提高了求证的能力,最后超越自我,做出科技创新的成就。

例如,血液循环学说的建立,就是大胆怀疑、缜密求证、超越自我这一过程的一个很好例证。

在公元 2 世纪,希腊医生、医学与哲学家盖伦(Claudius Galenus of Pergamum,约 130~200)提出血液运动系统学说,认为血液由肝脏产生,进入心脏后,由右心室直接进入左心室,然后流向全身,最终被身体吸收。16 世纪,已有不少医生和教授从医学实验中,发现了这一理论内部存在的矛盾。但因为他们囿于传统思维,不敢怀疑权威结论,结果这些已经接近发现真理的研究者痛失良机!而英国生理学家、胚胎学家、医生哈维(Willian Harvey,1578~1657)则是一个例外。

哈维

哈维发现,人的头部和颈部静脉瓣膜所朝的方向与当时的假说不符,这促使他对盖伦学说产生了怀疑。为此,他解剖了 80 多种动物,包括爬行类、甲壳动物和昆虫。研究中,他敏锐地意识到,静脉中的瓣膜只能使血液由静脉流入心脏,而心脏的瓣膜则只能使血液流入动脉,即血液流动只可能是由静脉通过心脏而流入动脉的单向运动。哈维假定同样数量的血液在体内不停地循环,血液通过动脉流出并经静脉流回。他进行了大量实验以验证这一理论,并于 1628 年出版了《论心脏与血液循环的运动》一书。在书中,他以确凿的实验事实证明了心脏的肌肉收缩是血液循环的机械原因,建立了血液循环学说。该学说在医学科研方面打破了传统谬误观点的桎梏,对破除中世纪的迷信、解放人类思想起到了巨大的推动作用,堪与哥白尼的日心说相媲美。

事实上,认识一个预想不到的新发现,承认一个与传统理论或观点不相符的新事实,即使它们已十分明显或确凿,对于普通的研究者而言也是有一定困难的。因此,在科技创新活动中,我们要有意识地树立大胆的怀疑精神,培养缜密求证的技能,提高超越自我的意识。一个民族要想自立,一个国家要想强大,就离不开创新的灵魂。科学思维,能够帮助我们掌握科学的创新方法,开展科技创新活动。从这个意义上说,学习、掌握科学的思维方式,对培养科学的思维习惯,取得科研的成功进而推动科技进步都有莫大的裨益。我们要在掌握典型科研方法和科研思维方式的同时,注重科研态度的培养和训练,因为从事科研工作(包括做任何事情),态度是决定一切的。

第三节 科研思维示例

一、发散思维示例

发散思维是指大脑在思维时呈现的一种扩散状态的思维模式,属于弹性思维基本类型之一,与收敛思维相对。其特点是思维视野广阔,不墨守陈规,不拘泥于传统做法,从一个目标出发扩散思考,探求多种答案,创新途径宽阔。在科研活动中能否有效地利用发散思维,是衡量研究者创造力高低的重要标志之一。

示例1:光纤光栅传感器研究方法——

光纤光栅是20世纪70年代末出现的一种新型的光无源器件,因其结构多变具有多种优异的性能,使其在光纤通信和光纤传感领域扮演了独特而十分重要的角色。在对光纤光栅传感器研究过程中,根据光纤光栅特性、传感机理、结构设计以及技术实现等,本书作者采用发散思维方式,归纳并提出了如下几种具有代表性的实用研究方法。

(一)基于参数化的研究方法

从被检测量的个数考虑,有单参数化方法与多参数化方法之分。其要点是:检测参量的筛选,敏感机构的设计,温度与应变交叉敏感机制的分析,以及解决方案的设计与实现。其中,参数的敏感性及其定义与检测仪器的灵敏度有关。

1. 单参数化方法

单参数化方法指选择敏感的被检测量为某一物理、化学或生物量。如:光纤光栅压力传感器、光纤光栅温度传感器、光纤光栅扭矩传感器等。此类方法尚属简单之例。

2. 多参数化方法

多参数化方法指选择敏感的被检测量为某几个物理、化学或生物量。如:光纤光栅温度/应力传感器,实现了温度和应力的单光栅同时测量。目前,人们正在研发光纤光栅温度/磁场、温度/电场、应力/磁场、应力/电场以及扭矩/磁场、扭矩/电场的双参数传感,并取得了一些阶段性研究成果。这种方法相对较难,以筛选关联相对较弱的两个参数为宜。

(二)基于作用方式的研究方法

从对光纤光栅的作用方式而言,有机械传感、电磁传感、热传感及振动传感方法等之别。其要点是:选择适当的能将光纤光栅刚性粘贴于其上的衬底材料,如有机玻璃、弹性钢片等。同时,对衬底材料的形状、尺寸等也有一些特殊的要求。

1. 机械传感方法

机械传感方法指通过机械作用(如应力、扭矩等)使光纤光栅的性质(如光栅常数及弹光效应)发生变化以达到传感之目的方法。如：基于悬臂梁、简支梁和扭转梁的光纤光栅波长线性与非线性调谐技术等。

2. 电磁传感方法

电磁传感方法指通过电磁作用(如电场、磁场)使光纤光栅的性质(如光栅常数及弹光效应)发生变化以达到传感目的的方法。如：基于磁致伸缩棒及压电陶瓷的光纤光栅调谐技术等。

3. 热传感方法

热传感方法通过热效应使光纤光栅的性质(如光栅常数及热光效应)发生变化以达到传感目的的方法。如：光纤光栅复用温度传感、光纤光栅的温度增敏等。

4. 振动传感方法

振动传感方法指通过周期性的外力作用(可调变频)使光纤光栅的性质(如光栅常数及弹光效应)发生变化以达到传感目的的方法。如光纤光栅频率传感器,基于微悬臂梁的光纤光栅振动传感技术等。

(三)基于光栅性质的研究方法

光纤光栅是一种新型的光无源器件,因其具有波长绝对编码特性,使其成为一种性能优良的光传感器件,并极大地拓宽了光传感技术的应用范围。从改变光纤光栅写入技术角度,有均匀周期(如布喇格、长周期等)、非均匀周期(如啁啾、相移、超结构、摩尔等)光纤光栅研究方法等。根据光纤光栅的波长编码性质,可以设计并研制性能优良的光纤光栅传感器,对物理、化学、生物等领域中多种参数的感测。

1. 波长漂移方法

波长漂移方法是指通过光纤光栅中心波长的绝对或相对漂移量来达到传感目的的方法。如基于光纤布喇格光栅、长周期光纤光栅、相移光纤光栅等均匀光纤光栅来感测应变、位移、温度等参数的传感器。

2. 带宽传感方法

带宽传感方法是指通过光纤光栅带宽的展宽或压缩变化量来达到传感目的的方法。如基于啁啾光纤光栅、超结构等非均匀光纤光栅来感测应变、位移、温度等参数的传感器。

(四)基于技术途径的研究方法

从技术实现途径方式而言,亦可采用相关分析法及多向型发明构思法等。具体有:模仿法、移植法、横向法、立体法、交叉法、类比法、排除法及综合法等。

1. 相关分析法

相关分析法是科研中常用的一种研究手段,它是测定自然、社会及经济现象之间相关关系的规律性,并据以进行预测和控制的分析方法。在相关关系中,变量之间存在着不确定、不严格的依存关系,对于变量的某个数值,可以有另一变量的若干数值与之相对应,这若干个数值围绕着它们的平均数呈现出有规律的波动。科研中进行相关分析的基本过程包括相关关系的分析,相关程度的确定,相关的数学表征,分析的可靠性,外推预测和控制。

2. 多向型发明构思法

组合创新是一种极为常见的创新方法,目前,大多数创新的成果都是通过采用这种方法取得的。组合创新的形式主要包括功能组合,意义组合,构造组合,成分组合,原理组合,材料组合。

随着光纤光栅写入技术的不断发展,预计会出现更多的新型光纤光栅,以满足各种领域不同类型的传感器设计要求。新型光纤光栅技术的发展,不仅会使传感技术日新月异,而且在光通信及光传感领域将开创新的技术革命。因此,在光纤光栅传感方面不断探索新方法、开发新技术,进而促进光纤传感系统的不断发展,无疑是一个具有现实意义和深远意义的热点课题。

二、联想思维示例

联想思维是指在一个物体的启发下想到另一物体的过程,是一种基本的思维方法。联想思维属于弹性思维范畴,通过由此及彼的思维过程,开拓研究者的思路。联想思维在科研中具有重要作用。

示例2:感悟生物进化的航行——

1831年,达尔文(Charles Robert Darwin,1809～1882)以博物学家的身份参加了"贝格尔号"军舰的世界航行。就在这次航行中,他感悟到了生物进化论。

在当时的生物界,除了教会宣扬的"上帝创物论"之外,占据统治地位的理论仍然是亚里士多德提出的"目的论",即生物体每一种生理结构均是以适应生存环境为目的,主动地形成的。达尔文认为,这些事实以及其他许多事实不仅不可能使用"上帝创物论"来自圆其说,也无法用"目的论"来解释,因为有目的地创造和生长不可能造成形态逐渐演变的情况。

达尔文

只有假设物种是在自然环境中逐渐产生变异的,这些事实才能够得到合理的解释。

图4.2给出了人类进化的示意图。

图4.2 人类进化示意图

　　航行考察奠定了达尔文科学事业的基础,在该次考察结束之后,达尔文继续研究,搜集了大量相关资料。他曾反复考虑,自然界是否存在类似人工选择的过程。一天,他无意中看到马尔萨斯的《人口论》,读到"生存斗争"时受到启发,联想到:在生存竞争的条件下,有利的变异可能被保存下来,而不利的则往往容易被淘汰,其结果就形成了新的物种。由此,达尔文在人工选择原理的基础上,总结出了自然选择原理,为创立进化论奠定了坚实的基础。1859年,达尔文发表了巨著《物种起源》,第一次把生物学建立在完全科学的基础上,以全新的生物进化思想推翻了"上帝创物"和"物种不变"的理论。

　　示例3:巧化腐朽为神奇——

　　1975年,美国费城的化学家艾伦(Alan Graham MacDiarmid,1927~2007)教授到日本进行学术访问。他在东京技术学院实验室参观时,楼道角落里的一堆既像塑料又闪着银光的薄膜吸引他的注意力。当艾伦教授好奇地询问陪同的白川英树教授时,对方不以为然地回答:这只是一堆废品,毫无科学价值。艾伦教授听后对这堆垃圾产生了浓厚的兴趣,并在研究了几日后请求将这堆废品带走。白川教授爽快地答应了,在他看来,这只不过是一堆垃圾而已。

艾伦

　　艾伦教授回到费城后,立即投入了对这堆垃圾的研究,不分昼夜地埋首在实验室里。终于,在某一天,当他将微量的碘加入这种聚乙烯时,奇迹发生了:这堆"废品"的导电性能一下提高了千万倍,真正成为金属般的导电塑料。这个发现震惊了全世界,因为自1868年发明第一种塑料以来,各种塑料均属于绝缘体已成为科学界的定论,无人怀疑,更无人设想去探索塑料导电的问题。但艾伦教授打破常规思维模式,采用联想思维方式,取得了有悖"常理"的科学研究成果。因发现塑料的金属特性,艾伦教授与另两位科学家分享了2000年诺贝尔化学奖,创造了一个巧化腐朽为神奇的科研思维典型。

　　科学研究过程中会产生大量的"负结果"(即所谓的"失败产物"),其中很可能蕴藏着科学发现的机会。表面看起来毫无关联的两种东西若组合在一块儿,有可能创造出奇迹。该实例说明,如果没有大胆设想、创新的勇气,破除常规进行联想思维,这堆"垃圾"将永远被弃置在科学的荒野里。

三、反向思维示例

反向思维是相对于正向思维而言的,即沿着常规思维(或习惯思维)相反的方向去思考,以实现新发明和新创造的思维方法。正向思维一般是从原因到结果的思考,而反向思维则是从结果追溯原因。思维方向的改变,往往产生意想不到的奇迹。在科学史上,运用反向思维创奇迹的例子俯拾皆是。

示例4:非欧几何的发现——

俄国的伟大学者、非欧几何的创始人之一罗巴切夫斯基(Лобачевский. Николай Иванович, 1792～1856),在尝试解决欧几里德第五公设问题的过程中,经过多次失败发现并证明了第五公设不可证明! 从而发现了新的几何世界——非欧几何。其证明的方法源于反向思维,即反证法。非欧几何的创立,是人类认识史上一个富有创造性的伟大成果,不仅推动了数学的巨大发展,而且对现代物理、天文学以及人类时空观念的变革,都产生了深远的影响。

罗巴切夫斯基

罗巴切夫斯基从1815年开始试图证明平行公理,但十余年的艰辛努力均告失败。前人和自己的失败从反面启迪了他,使他大胆思索问题的相反提法:可能根本就不存在第五公设的证明。于是,他便调转思路,着手寻求第五公设不可证的解答。这是一个全新的、与传统思路完全相反的探索途径。罗巴切夫斯基正是沿着这个途径,在试证第五公设不可证的过程中发现了一个崭新的几何世界。

利用反证法,罗巴切夫斯基对平行公理加以否定,得到否定命题"过平面上直线外一点,至少可引两条直线与已知直线不相交",并用这个否定命题和其他公理公设组成新的公理系统展开逻辑推演,得到了一连串古怪而不合乎常理的命题。但是,经过仔细审查,却没有发现它们之间存在任何逻辑矛盾。于是,远见卓识的罗巴切夫斯基大胆断言,这个"在结果中并不存在任何矛盾"的新公理系统可构成一种新的几何,它的逻辑完整性和严密性可以和欧几里德几何相媲美,而这个无矛盾的新几何的存在,就是对第五公设可证性的反驳,也就是对第五公设不可证性的逻辑证明。由于尚未找到新几何在现实世界的原型和类比物,罗巴切夫斯基慎重地把这个新几何称之为"想象几何"。1826年,罗巴切夫斯基发表了他关于这种新几何学的研究内容,但这一结果直到他去世时的1856年也并未得到数学界的认可。在罗巴切夫斯基去世 12 年后的 1868 年,意大利数学家贝特拉米证明新几何学与欧氏几何等价,才使得数学界承认了罗巴切夫斯基的工作,罗巴切夫斯基被称为"几何学中的哥白尼"。1893 年,人们在罗巴切夫斯基生前担任校长的喀山大学为他树立了塑像,这也是世界上第一个数学家的塑像。

示例 5:火箭卸载增推力——

1964 年 6 月,航天专家王永志(1932 ~)第一次走进戈壁滩,执行发射中国自行设计的第一种中近程火箭任务。当时正值 7、8 月份,天气很炎热。在计算火箭推力时,遇到了一个难题:火箭发射时的推进剂温度增高,密度就要变小,其发动机的节流特性也将随之变化。正当大家绞尽脑汁想办法时,一个高个子年轻中尉站起来说:"经过计算,只要从火箭体内卸出 600 公斤燃料,这枚导弹就会命中目标。"在场的专家们对此持怀疑态度,有人不客气地说:"本来火箭能量就不够,你还要往外卸?"于是,再也没有人理睬他的建议。

王永志

这个年轻人就是王永志。面对一片怀疑,他没有放弃,想起了坐镇酒泉发射场的技术总指挥、著名科学家钱学森。在火箭临射前,他鼓起勇气走进了钱学森的办公室。当时,钱学森还不太熟悉这个"小字辈"。王永志仔细阐述了自己的意见,钱学森听后与火箭总设计师进行了认真讨论,认为王永志的意见正确。火箭经过改进后,正式试射。果然,火箭卸出一些推进剂后射程变远了,试射时连打 3 发导弹,全部命中目标。从此,钱学森记住了王永志。

在中国开始研制第二代导弹的时候,钱学森建议:第二代战略导弹让第二代人挂帅,并推荐王永志担任总设计师。几十年后,总装备部领导在看望钱学森时,钱学森提起这件事深有感触:"我推荐王永志担任载人航天工程总设计师没错,此人年轻时就露出头角,他大胆逆向思维,和别人不一样。"这是一个运用辩证法的反向思维例证。

示例 6:无漏油圆珠笔诞生——

当年日本发明成功圆珠笔时,有一个难题困扰着生产厂家:一支圆珠笔芯大约写到 20 万字的时候,就开始漏油。究其原因,是圆珠磨损到一定程度导致了漏油。于是,技术人员按照圆珠 → 磨损 → 漏油的思路,采用从原因 → 结果的思维方式,想方设法地寻求解决办法,但一时无法解决。有一天,山地笔厂的青工渡边回到家里,看到女儿把几支崭新的圆珠笔芯扔到一边,便询问原由。他得知这些圆珠笔芯内仍有油墨但却已经漏油时,忽然有所感悟,随即直接找到东京山地笔厂老板,建议将笔芯截短,保证其只写到18~19万字就已经将油耗尽,即可避开圆珠磨损问题。这样,漏油问题巧妙地解决了,无漏油圆珠笔诞生了。从思维方式而言,这是典型的反向思维实例,采用从结果 → 原因的思维方式,按照漏油 → 截短 → 圆珠的思路,既解决了漏油问题,又重新振兴了山地笔厂。

四、直觉思维示例

示例7:放射性元素钋和镭的发现——

居里夫人(Marie Curie,1867~1934)在深入研究铀射线的过程中,凭直觉感到,铀射线是一种原子的特性。除了铀外,还会有别的物质也具有这种特性。想到了立刻就做！她马上暂缓对铀的研究,决定检查所有已知的化学物质。不久,她就发现另外一种物质——铣也能自发地发出射线,且与铀射线相似。居里夫人提议把原子的这种特性叫做放射性,铀和铣这些有此特性的元素就叫做放射性元素。居里夫人全力以赴地研究放射性,她检查了全部的已知元素,发现只有铀和铣有放射性。

居里夫人

她又开始对矿物的放射性进行测量。突然,她在一种不含铀和铣的矿物中测量到了新的放射性,而且这种放射性比铀和铣的放射性要强得多。凭直觉,她大胆地假定:这些矿物中一定含有新的放射性物质,它是当时还不知道的一种化学元素。有一天,她用一种勉强克制着的激动的声音对同事说:"你知道,我不能解释的那种辐射,是由一种未知的化学元素产生的……这种元素一定存在,只要把它找出来就行了。我确信它存在！我对一些物理学家谈到过,他们都以为是试验的错误,并且劝我们谨慎。但是我深信我没有弄错。"在这种信念的驱使下,居里夫人和她丈夫一起历经千辛万苦,经过对矿物的艰苦提炼和实验,终于发现了两种新的放射性元素:钋和镭。居里夫人在放射性元素方面进行了出色的工作,并因此而两次荣获诺贝尔奖。

示例8:直觉其他示例——

直觉在创造性思维中的重要作用已被一些科学家、学者所证实。以下一些典型事例颇有启示:

(1)古希腊哲学家、数学家、物理学家、科学家阿基米德(Αρχιμήδης,英译Archimedes,约前287~前212)在洗澡时发现浮力定律。

(2)法国数学家、科学家和哲学家笛卡尔,据说是早晨睡在床上时做出了重大发现。

（3）英国博物学家、进化论者华莱士（Alfred Russell Wallace，1823~1913）在发疟疾时想到了进化论中的自然选择观点。

（4）彭加勒演绎非欧几里德几何变换方法，并说过躺在床上睡不着时产生了出色的设想。

（5）歌德（Johann W. Goethe，1749~1832）等人都认为早上睡醒后平静的几小时这段时间最有利于新发现。

（6）著名的德国物理学家、量子力学创立人之一海森堡（Werner Heisenberg，1901~1976）深通物理精髓，但其数学功底却显得相当薄弱。尽管他不会严格计算湍流，但是他根据自己的直觉猜出了湍流解，并且这个解被其他物理学家证实。

（7）早期的物理学家爱因斯坦、朗道（Лев Давидович Ландау，英译 Lev Davidovich Landau，1908~1968）均属于直觉极强的人，他们往往能在人们感觉无能为力的时候凭直觉发现真理。爱因斯坦也说他有关的时间空间的深奥概括是在病床上想到的。曾有人感叹：若朗道早出生 10 年的话，量子力学的产生也许就不会那么曲折了。

（8）爱迪生（Thomas Alva Edison，1847~1931）有一次让助手测量实验用的灯泡的容积，1 个小时过去了仍然不见结果。爱迪生告诉助手，只要往灯泡里灌水，然后将水倒入量杯就能测出灯泡的容积。可见爱迪生的助手还缺乏像他那样的直觉思维能力。

五、灵感思维示例

在科研工作中，研究人员一般习惯于遵循已定的研究路线朝前思考。研究期间必然会遇到疑问，某些难题可能难以按照原先的思路解决。这时，若是采取迂回方式，转个弯求解，或许会迸出灵感，求得破解难题的妙法。这种思维方式是非直线式的，属于 U 型思维。迂回法在发明创造中具有特殊的价值，关键是要找出合适的"迂回中介"。

示例 9：避直就曲——

电冰箱的冷冻机中充满着氟利昂和润滑油，如果密封不良，氟利昂和润滑油都会外漏。传统的查漏办法是直接观察，既费时又不可靠。能否发明一种新方法实现自动检测呢？有人想到了一种避直就曲的办法：将掺有荧光粉的润滑油注入冷冻机里，然后在暗室里用紫外光照射冷冻机，根据有无荧光出现来判断是否出现渗漏和渗漏发生在何处。这种方法不仅简便，而且避免了近距离观察可能给人带来的危险。

示例10:增敏或减敏——

在光纤光栅传感器的设计中,由于裸光纤光栅的应变系数很小,且机械强度难以承受较大应变的作用,故一般不直接应用于大型建筑结构的应变检测之中。对此,通过寻找合适的"中介材料"(即包覆材料)对裸光纤光栅进行敏化(增敏或减敏)和封装,这样既可提高其应变灵敏度,同时又通过保护性封装增大了机械强度,一举两得。这种方法和技术已广泛应用于光纤光栅传感器工业化产品的设计与制造之中。

【思考与习题】

1. 什么是思维? 思维有哪些特点?

2. 结合专业或技术工作特点,谈谈你对科研思维及其特点的认识。

3. 试论科研思维的价值及其在科研工作中的重要意义。

4. 何谓问题认知的层次观点? 它在科研选题中有何重要意义?

5. 典型思维方式有哪些类型? 各有什么特点和作用?

6. 举例说明创新的含义以及在科研工作中的重要意义。

7. 创新思维有哪些特征? 怎样在科研工作中运用创新思维?

8. 简述创新思维的基本形式及其特点。

9. 举例说明弹性思维的具体形式及其在科研工作中的应用。

10. 举例说明多元思维的具体形式及其在科研工作中的应用。

11. 举例说明跳跃思维的具体形式及其在科研工作中的应用。

12. 试论创新思维的三个阶段及其主要特点。

13. 举例说明创新性思维训练在科学研究和技术创新中的重要作用。

14. 除本章介绍的典型科研思维方式之外,你还了解哪些科学思维方式?

15. 调查并收集一下有关科研思维促进科研成功的典型实例。

第五章　科研方法实践

第一节　课题申报与研究

科研工作如同军事作战,需要精心组织和缜密计划。科研方法的学习与掌握离不开科研实践,其中,课题规划与申报、立项与方案设计、任务分解与实施、科研成果查新、提炼总结与推出等诸多科研环节,都渗透着科研方法的影响和作用,并伴随着科研策略的选择与运用。

一、课题规划与申报

课题申报是开展课题研究的第一个环节,也是科研工作的起点,对于课题能否立项和深入研究至关重要。对科研团队(课题组)而言,课题申报应该纳入统一的科研规划之中。对此,需要在科研规划、团队建设和组织申报三个方面加以统筹和协调。

(一)科研规划

科学研究具有一定的客观性和主观性。客观性主要是指科学研究的对象、过程、规律、结果具有客观实在性;主观性是指在科学研究过程中,参与研究的科研人员对所从事的研究工作要有组织、计划、控制、评判,即具有一定的主观能动性。就国家而言,有关国计民生、安全防务等国之基础的重大科研规划,需要由专门的国家机构(如科技部、科学计划委员会等)组织有关专家进行战略调研和分析,提出意见和建议,撰写科研战略报告并进行评估。对于具体的课题组,也应依据国家的科研规划和目标要求,根据自身的科研条件和研究基础,制定一定时期内的科研规划,以指导课题申报和研究工作。

对某一科研部门或课题组而言,科研规划主要包括科研方向、科研战略和课题计划三个层面。

1. 科研方向

科研方向是科研规划的顶层,是指科研工作及课题研究的指向,它决定着课题组研究工作的性质及发展方向。科研方向主要由一个科研主管部门(如科技部)或课题组负责人来把握,该科研主管部门或课题负责人对研究人员组成、申报课题类型、研究问题方向、资助项目选择等问题具有决定权。

科研方向的确定应具有一定的扩散性,即在大的研究方向确定之后,还需要划分几个子方向,以备课题组研究人员进行灵活的选择。研究者及专业技术人员需注意,在大的研究方向决定之后,决不应该把自己完全限制在其中的某一个方向上,而最好在研究的过程中,根据课题研究的实际情况加以修正,逐步确定能够真正发挥自己科研能力的方向。

2. 科研战略

科研战略是科研规划的中层,是指规模较大、时间较长的科研计划。参加此类科研战略制定的不仅有资深的科学研究和技术专家,还包括科研工作指导者和科研管理机构。科研战略往往以"×××科研战略调研报告"或者"×××规划战略研究报告"等形式体现,并且对某一科研部门或课题组规划该地区的中、长期科研项目具有重要的指导作用。通常情况下,国家或地方的科技管理部门都要根据政治、经济、军事、民生等发展需求,定期提出有关的科研战略调研课题进行招标,为制定国家或地方的中、长期科技发展规划提供决策支持。

3. 课题计划

课题计划是科研规划的基层,是指课题研究中的具体计划、任务和方案。对于参加课题研究的成员而言,划分到自己承担部分的研究任务,必须要有一个明确、详细的执行计划,该计划将伴随课题任务的最终结束。一个完整而真实的课题任务执行记录,对该课题的继续研究是很必要的,特别是对后续研究者具有重要的参考价值。课题计划往往以"×××重大(重点)课题研究计划"或者"×××科研项目研究执行计划"等形式体现。

(二)团队建设

科研团队建设对课题组的研究工作及发展至关重要。目前,许多高校、科研机构及企业,都十分注重科研团队的建设。科研团队是由科研人员组成的群体,是在科学研究和技术开发活动中自然形成的,具有团结、认真、拼搏、默契、平等、无私奉献、思想活跃等诸多特点。优秀的科研团队是科技创新和学科建设的重要载体,是高层次科技人才的培育平台。

1. 科研团队组建

课题组是一种成员和工作相对固定的科研团队,为保证较高的工作效率,必须强调成员之间的团结和协作。一般而言,课题组成员多为具有一定研究能力和研究经验的专业技术人员,根据课题的性质、目标以及任务要求,并结合自身的研究条件,在自由组合的基础上由课题负责人聘任。课题负责人根据每个成员的专长、特点进行分工,布置任务并实施管理。进行国家重大课题的申请以及大型科研工作的开展,需要组建结构合理、经验丰富、团结奋进、创造力强的科研团队。组建科研团队需考虑的因素有:

(1)跨域组建:团队成员的选聘不应限于本部门,要考虑跨单位、跨区域、甚至跨专业构建所谓的"大课题组",这样可以实现资源共享、优势互补,形成更大范围的科研团队。

(2)结构优化:团队成员应各具特色,团队总体结构(年龄层次、专业特长、职称比例、科研经历等)要求是优化的、可持续发展的。

(3)融洽氛围:科研团队的一个重要作用,是能为所有成员提供良好的交流机会,形成一种融洽的研究氛围。大家相互尊重,取长补短,携手共赢。

(4)团队领袖:团队带头人需要具备优秀的品质,做到关心组员,尊重事实,长于深思,富于创新,善于吸引、团结和组织大家从事科研攻关。

2. 科研团队建设

组建一支科研团队不容易,而建设一支优秀的科研团队就更加不容易。优秀科研团队的建设需满足如下一些条件:

(1)良好的基础:拥有一支已形成一定规模并具有一定影响力的学术团队,并且已经确定某个具有特色的创新研究方向,具有较强的创新潜力。

(2)稳定的方向:有稳定的科学研究方向,承担过或正在承担着国家或省部级的重大科研项目,并取得了良好的科研成果,社会影响力较大。

(3)突出的成果:有较为深厚的前期学术积累,已经取得了较为突出的研究成果,获得过国家级或省部级奖励(省部级要求一等奖),在国内外同行中具有较强的优势。

(4)合理的梯队:学术梯队结构合理,团队带头人和研究骨干有充分的时间和精力从事创新性研究工作,有良好的科研支撑条件。

(三)组织申报

科研工作的合理组织,对课题申报以及研究工作的成败关系重大。申报工作开始后,能否有效地组织课题组成员进行课题调研和撰写申请书,将直接关系到课题立项成败。对初学者而言,这是培养和提高科研能力的良好时机,因此要积极参加,努力工作,尽量获得专家及有经验者的指导。

1. 组织申报

在申请、承担国家重大课题方面,强大的科研团队是组织基础,以往的科研经历和研究成果是学术基础,而素质全面、具有领军才能的课题负责人则是关键。特别是在课题申请人员的组织与调配、信息的调研与梳理、材料的撰写与修改等方面,课题负责人起着极为重要的作用。课题组正式成立后,须建立一套组内共同遵守的制度,明确各自的职责,如课题组长的职责、成员的分工、定期交流以及实验和操作规范等,以保证课题申报及后续科研工作能够按计划进行。

根据本书作者多年的申报经验,组织申报工作可按如下步骤进行:

(1)分头调研,集中讨论:采用先分头调研、后集中讨论的方式,争取在短期内先完成申请材料的各个部分。

(2)挑选骨干,拟出初稿:由一个或几个主要的课题骨干将分头提供的材料统筹,拟出申报初稿。

(3)加工整理,内容一致:进一步对初稿进行整理、加工、综合、提高,使材料逻辑统一、内容一致、条理清楚、创新点突出。

(4)修改定稿,按时上报:初稿经过几轮讨论,重点修改研究内容、技术路线及创新点等部分,定稿后按时上报。

2. 申报要求

课题申报的基本要求,可概括为"仔细填写,初稿讨论,意见综合,修改报送"。下面以国家自然科学基金申请为例,阐述有关课题申请的相关要求。

(1)首页信息:包括资助类别、项目名称、申请者信息、依托单位信息等。

(2)基本信息:包括申请者信息、依托单位信息、合作单位信息、项目基本信息、项目摘要及关键词等。

(3)项目主要成员:包括项目成员姓名、出生年月、性别、职称、学位、单位名称、个人信息、项目分工、每年工作时间。

(4)项目经费预算:包括研究经费、国际合作与交流费、管理费、与本项目相关的其他经费来源。

(5)正文:正文是项目申请书的主体部分,主要有:

①立项依据:立项依据需阐明项目研究的必要性及应用前景,包括项目的研究意义、国内外研究概况及分析、存在问题及发展趋势,并附有主要参考文献及出处。基础研究需结合科学研究发展趋势来论述其科学意义;应用研究需结合国民经济和社会发展中迫切需要解决的关键科技问题来论述其应用前景。

②研究内容、研究目标以及拟解决的关键问题:研究内容需说明研究工作的具体内容,指出重点应解决的科学和技术应用问题及要达到的技术指标,阐述预期成果应用的可能性和效益,或在学术、社会等方向的价值。

③拟采取的研究方案及可行性分析:包括拟采用的研究方法、技术路线、实验手段、关键技术等说明。

④研究特色及创新之处:研究特色应从课题的理论创新、实验方法、技术手段、系统(包括设备、器件等)研制以及经济效益等方面加以阐述。创新点一般介绍3个为宜,申请者要把创新点找准并阐述透彻。

⑤进度安排及预期研究成果:进度安排一般半年为一阶段。预期研究成果包括形成样品、样机、工艺技术路线、专利技术、文章、培养人才等。

⑥研究基础与工作条件:研究基础包括与项目有关的研究工作积累和已取得的研究工作成绩;工作条件包括已具备的实验条件、尚缺少的实验条件和拟定解决的途径。

⑦申请人简历:申请者和项目主要成员的学历和研究工作简历,近期已发表的与本项目相关的主要论著目录和获得学术奖励情况,并注明出处和获奖情况。

⑧承担科研项目情况:申请者和项目主要成员正在承担的科研项目及相关情况(包括课题进度、完成情况、阶段性研究成果等)。

⑨完成科研项目情况:申请者对已完成的科研课题情况,后续课题的研究进展,以及正在承担的课题与本申请课题之间的关系等均需加以说明。

⑩签字及盖章:项目申请书需要申请者(包括项目负责人和参加者)的亲笔签名以及所在单位盖章。如有合作单位,还需合作单位负责人签字并加盖公章。

(6)附件:若有可支持课题申请的材料(未能列入课题申请书中的),可以附件的形式一并上交课题申请主管部门。附件内容一般包括申请者的一些复印件,如科研获奖证书、代表性学术论文、专利证书、科技查询报告、合作协议(拥有合作单位时)以及其他能够证明申请者学术水平的材料等。

二、立项与方案设计

课题立项,标志着课题申请通过了有关专家的评审,被科技主管部门正式确认并给予资助。同时,该课题研究也正式纳入了科研项目管理与考核计划之中。

(一)课题立项事宜

课题立项后,需注意处理好如下的相关事宜。

1. 确认立项,填报计划

国家或地方科技主管部门下发课题立项确认书或文件,通知课题负责人填写课题任务计划书并签字确认。若是任务计划书内容与原申报材料内容存在出入，需给予详细解释。

2. 审批计划，下拨经费

国家或地方科技主管部门对课题任务计划书进行审批并确认后，下拨课题研究经费（通常按照年度进行分批下拨）。

3. 调整分配，落实任务

根据课题任务计划书，对课题组成员进行二次任务调整和分配，并落实到人。大的课题还需分解为若干个子课题，并确定子课题负责人。

4. 分项把关，开展研究

各子课题负责人填写研究计划，建设或改进相关研究条件，带领子课题成员分头开展研究工作，并对课题负责人负责。

（二）课题方案设计

科研过程是对科学问题的提炼、分解及解决的过程，而方案设计则是该过程中的一个重要环节。方案设计的正确性、经济性及可靠性如何，对课题研究的进程关系重大，必须认真对待。

1. 方案设计类型

课题方案设计的基本类型有研究型方案设计和实验型方案设计，应用性研究方案设计多数属于后者。下面分别加以阐述。

（1）研究型方案设计：一般指通过理论探索、模拟分析、技术测试等手段，对科研课题的具体内容与方法进行设想和计划安排。

（2）实验型方案设计：一般指通过设计实验方案、进行实验操作的手段，进行科研课题研究的设想和计划安排。

2. 方案设计原则

（1）科学性原则：课题方案设计应当符合科学性原则，即合乎一般的自然规律。要在研究中不断发现新现象，修正和调整研究计划或内容，使之更加切合实际。对各种技术和方法的原理及使用范围，应当有一个明确的认识，并在课题设计中准确而有效地应用。

（2）创新性原则：创新性是科研的灵魂。要注意尽可能地在课题设计中采用新观点、新概念、新方法及新技术，特别要注重提出自己的见解。同时，对提出的新论点、新理论，需设计具体验证方案进行科学论证，并请专家或同事进行严格把关。

（3）规范性原则：在制定及实施课题研究计划时，要严格按照有关管理规范操作，以便尽量减少差错和遗漏。规范性体现在与课题设计相关的资料查询、科研选题等过程的设计,以及开题报告、研究设计书的撰写等方面。

(4)统计性原则:在课题方案设计过程中,应充分考虑统计学的原则。在诸如分组、例数、采用指标、数据表达、误差控制等方面,都应预先考虑课题结束后所采用的数据统计方法,以及这些方法在设计时需要注意的问题。

3. 课题设计书

课题设计书是课题方案设计的实现形式,一般可分为两种基本类型:研究型课题设计书和实验型课题设计书。前者常表现为"研究设计书"的形式,后者则表现为"实验设计书"的形式。

(1)研究型课题设计书一般包括以下几个部分:

①题目和摘要:要求中英文双写。

②课题来源:应注明本课题的项目(或子课题)的来源和编号。

③选题依据:阐述选题背景,突出研究意义及国内外相关研究的现状,具体包括理论、方法和相关技术指标等。

④研究内容与创新点:包括主要研究内容、要解决的关键问题、研究方法、技术路线、实验方案等;要详细说明可突破、改进或完善的研究内容和研究方向,给出学术、技术等方面的有益价值,并说明拟采取的理论模型、研究方法、技术路线、实验手段;要给出课题研究的主要创新点。

⑤可行性分析:应对课题的研究基础加以说明,对已有条件和所需条件进行列举。

⑥研究目标及计划:应给出切合实际的课题研究预期目标,计划安排一般以半年或一年为一阶段较为合适。

⑦关键问题及其对策:根据课题组的研究基础、技术经验、工作条件和实验工作,分析可能遇到的关键问题,并对拟采取的措施加以设计。

⑧参考文献及其他:设计书后应附有主要参考文献,其他附加内容则依课题具体情况而异,如项目组成员简历、经费预算等。

上述内容可根据课题的性质、规模、经费以及完成时间等因素进行取舍。

(2)实验型课题设计书一般包括以下几个部分:

①题目和摘要:要求中英文双写。

②课题来源:应注明本课题的项目(或子课题)的来源和编号。

③实验目标:该实验课题所要达到的具体目标。

④预期成果:该实验课题预期得到的研究成果。

⑤实验内容与创新点:包括主要研究内容、要解决的关键问题、研究方法、实验方案等;要详细说明可突破、改进或完善的实验内容和技术路线,给出课题研究的

主要创新点。

⑥已有及尚缺的实验条件:简述课题组已具备的实验研究条件,对于尚缺乏的实验研究所必需的设备或仪器,要提出解决途径以及具体实现方式。

⑦实验中可能出现的问题及对策:实验课题的研究必须通过做实验来完成,期间可能会出现各种问题。要求申请者对可能出现的情况认真加以分析,给出具有针对性的解决方案。

⑧参考文献及其他:设计书后应附有主要参考文献,其他附加内容则依课题具体情况而异,如项目组成员简历、经费预算等。

三、任务分解与实施

从事科研工作多年的人都知道,课题的成功立项,能够鼓舞课题组成员的研究热情,但也可能导致部分人思想上有所放松,课题负责人对此应有所重视。课题立项后,课题组织最需要做的工作是将课题任务分解到人,同时制定较为详细的课题研究计划以及相应的操作规程,保证课题研究工作的有序开展。

1. 任务分解

课题任务计划书制定后,需要将课题任务分解落实到课题组各个成员。每个成员都要根据各自的研究任务,制定详细而具体的研究计划,同时提出需要解决的关键问题以及需要提供的支持条件。对于较大的研究课题(如国家 973 计划项目、国家 863 计划项目以及国家自然科学重点基金等),往往还要根据课题组成员的学识、经验、能力、个性等,将其分解为若干个子课题,每个子课题均需选出子课题组长(有的还包括副组长),他们负责制定、执行、监控该子课题的运作并对总课题组长负责。初学者参与任务分解,不仅能够更快地融入课题组,还可以更深入、细致地了解课题,对介入课题研究、提高研究技能十分有益。

2. 方案实施

课题任务分解落实之后,就进入了方案实施过程。实施过程需要注意的是:

(1)实验测量系统构建是否完备。

(2)测量仪器精度是否达到要求。

(3)实验场地是否符合课题要求。

(4)实验技术人员技能状况如何。

(5)实验安全保障机制是否完善。

(6)研究与实验过程是否能掌控。

(7)数据处理与可靠性是否把握。

根据本书作者多年的科研经验,采取目标管理与过程控制相结合的方式,能够有效地保证课题的正常运作和既定目标的及时完成。初学者参与具体实施过程，可以从中锻炼对现场的控制能力和对具体事件的处置能力。

另外，在方案实施过程中，需找准问题薄弱点加以突破，并以此为基础扩大战果，将课题向纵深发展，进而推动课题任务的全面解决。同时，对于那些与预期相反的实验现象或实验结果不要轻易否定，而应及时、详细地记录，并认真分析其产生原因。须知，科学技术史上的许多重大发现，就得益于这种反常现象的发生。要时刻提醒自己，做一个有头脑准备的研究者。

第二节　成果总结与推出

简而言之，科研成果是研究者在科研活动中对所提出的新观点、获得的新发现和新创造进行的系统归纳和集成。科研成果是科研工作取得成效的标志之一，如何科学、有效地整理科研成果并推向社会予以承认，是科研工作者必须认真关注且应深思定夺的重要问题。

一、科研成果查新

在对科研成果进行总结与推出之前，尤其是在申报科技成果之前，必须进行科技查新，以确定科研成果的创新性和可能的应用。若查新结论表明所得到的科研成果在相关文献上已经存在类似报导，则应改变研究课题或者在其基础上更深入地进行研究，以期得到真正处于领先地位的成果。下面是本书作者所在课题组的一份科技查新报告，报告编号 200312d0300001。

项目名称：光纤光栅复用传感网络系统。

委托机构：南开大学现代光学研究所。

委托日期：2002 年 12 月 25 日。

查新机构：高等学校科技项目咨询及成果查新中心天津大学工作站。

查新完成日期：2003 年 1 月 8 日。

该查新报告的主要内容如下：

1. 查新目的

科研成果鉴定。

2. 查新项目的科学技术要点

本项科研成果是以光纤光栅作为传感基本元件，采用波分复用（WDM）、时分复用（TDM）、空分复用（SDM）技术相结合，将多个不同波长的光纤光栅以线陈、面陈及体陈等多种拓扑结构构建的光纤光栅复用传感网络系统。该系统可对应变、温度、压力、扭转、振动等物理量实时监测。通过光开关来实现时分复用技术。该传感网络使用的寻址系统利用 FBG 的反射解调原理和半导体 PIN 管为探测主体。特别适用于多点及准分布式多参数的传感测量。

本系统具有的技术特征主要有：

(1)传感通道 4~8 路，传感点达 16~32 个。

(2)应变测量分辨率 1.5uε，温度测量分辨率 0.02℃。

(3)光纤光栅调谐滤波范围不小于 16nm，调谐精度 0.002nm。

3. 查新点与查新要求

(1)查新点:设计、研制及开发各种类型的光纤光栅复用传感网络系统。

(2)查新要求:查证国内外有无相同或类似报道。

4. 文献检索范围及检索策略

数据库:

(1)Elsevier 全文数据库　1998~2002/Dec.

(2)Ei Compendex　Web(工程索引)　1970~2002/Dec.

(3)INSPEC　(科学文摘)　1969~2002/Dec.

(4)Kluwer Online　1997~2002/Dec.

(5)European Patents Fulltext(欧洲专利)　1980~2002/Dec.

(6)JAPIO~Patent Abstracts of Japan(日本专利)　1976~2002/Dec.

(7)WIPO/PCT Patents Fulltex(世界专利组织专利)　1980~2002/Dec.

(8)Derwent World Patents Index(德温特世界专利索引)　1970~2002/Dec.

(9)中国化学文献数据库(光盘版)　1983~2000.12

(10)中国科技期刊全文数据库(网络版)　1989~2002.09

(11)中国科学技术成果数据库(网络版)　1989~2001.04

(12)中国学术会议论文数据库(网络版)　1986~2001.04

(13)中国学位论文数据库(网络版)　1988~2001.05

(14)中国专利文摘数据库(网络版)　1985~2002.09

(15)中国科技经济新闻数据库(网络版)　1989~2002.09

检索词:

光纤光栅　fibre/fiber grating

传感网络　sensor network

波分复用　WDM/wavelenglth division multiplexing

时分复用　TDM/time division multiplexing

空分复用　SDM/spatial division multiplexing

检索策略：

S1 (fibre OR fiber) (2W) grating and sens? ( ) network

S2　S1 AND (WDM OR wavelenglth( )division( )multiplexing) AND (TDM OR time( )division ( )multiplexing) AND (SDM OR spatial( )division( )multiplexing)

5. 检索结果

经采用网络检索和与美国 Dialog 情报检索系统联机检索相结合的方式,在上述检索范围内,查到与本课题相关文献十几篇,其中密切相关文献 8 篇。有关题目和出处从略。

6. 文献分析

略。

7. 查新结论

经检索国内外的 13 个专利数据库,检出与本课题密切相关文献 8 篇。经文献对比分析,在上述检索范围内,已发现有采用波分复用(WDM)、时分复用(TDM)、空分复用(SDM)技术相结合的光纤光栅复用传感网络系统的文献报道,但所采用的方法、手段和应用领域均与本课题有所不同(在文献分析中已详述)。因此得出以下结论:

国内外均未发现与本课题技术特征完全相同的文献报道。

二、科研成果总结

科研成果总结,是指研究人员对在科研工作过程中所得到的新现象、新观点、新发现以及由它们而产生的创新、改进等成果进行总结,形成可供检查与鉴定的材料,以备成果推出。

（一）科研阶段划分

科研成果总结工作,实际上从课题研究的中期就已经开始了。根据科研工作的性质及亲身经历,本书作者将课题研究过程大致分为三个阶段,即科研前期、科研中期和科研后期。科研活动一般是指这三个阶段的全过程,它们各有侧重,分别完成不同的目标。

1. 科研前期

科研前期是课题研究的准备阶段。该阶段的主要任务是:科研资料收集,文献阅读,研究思路整理,以及科研选题方略设计。

2. 科研中期

科研中期是问题的研究阶段与阶段成果的积累阶段。该阶段的主要任务是:课题组织与分解,方案设计与实施,成果提炼与累积。

3. 科研后期

科研后期是课题材料和研究成果的整理阶段。该阶段的主要任务是：课题研究总结，科研成果整理及有效推出。

(二)科研中期的成果提炼

科研进入中期阶段，需要撰写有关科研项目进展的中期检查报告，提交阶段性研究成果(如投稿论文、专利申请、样机或样品的研制进展等)，这些是评价项目进展及研究水平的重要标志。

1. 阶段成果提炼

在课题研究过程中，会不断出现新现象、产生新观点、获得新发现。随着课题研究的深入，这种新现象、新观点和新发现将不断增多。科研工作者应该实时地归纳、提炼出有代表性的研究成果，并尽可能地在研究中将它们深入、扩大。研究中的不同阶段，会产生相应的阶段性研究成果。成果的提炼将以研究报告、学术论文或专利申请等形式提交给课题组存档、备用。

2. 阶段亮点累积

课题研究阶段性成果中那些突出的、具有代表性的创造和发明，本书作者称之为亮点成果。对于亮点成果，要及时申请专利，然后撰写论文，争取发表在国内外高水平学术期刊上。亮点成果的及时推出，对项目的阶段性检查以及课题的结题与鉴定十分有益。

(三)科研后期的成果总结

科研后期是科研成果总结的关键时期。在这一阶段，一方面要对自科研中期以来获得的阶段性研究成果进行归纳、提炼和总结，另一方面要对这些分立的观点、理论、实验及技术成果进行进一步的审查和验证，在改进和提高的基础上使之逻辑化和系统化，形成较为完整的科研成果。

为了保证科研成果总结的质量，本书作者根据自身的科研经验提出如下几点建议。

1. 根据课题任务计划指标，对比阐述完成情况

材料整理的首要任务是根据课题合同或任务书中的计划指标，对所总结的工作成果进行对比检查。如：是否完成了既定任务，完成的质量如何？是否达到了既定指标，指标是否先进(当初可能先进，现在也许不先进了)？已取得的研究成果是否具有重大的理论价值及应用前景？是否值得继续申报资助？等等。

2. 以表格或图示提供具体数据，附录相关证明

提供具体数据的图示应为原件或其复印件，并注明数据的来源、检测仪器以及

测量人员等;以表格提供的数据,应有数据记录者(包括处理者)的签字;若是由委托机构测量的数据,则需加盖该单位的公章。总之,上报的数据一定要有出处证明。

3. 对研究成果的分析和讨论,重点阐述创新点

课题研究的最终评价在于是否取得了创新性的研究成果。因此,研究材料的整理应重点放在提炼、阐述创新性研究成果上面。同时,应附录有关证明材料,如发表的学术论文原件或复印件以及被 SCI、EI 收录的证明,已获得的专利证书原件或复印件,受理专利申报的原件或复印件等。

4. 对研究成果的评述,包括先进性、存在的问题及展望

对取得的研究成果要实事求是地定位,不可盲目夸大,给出的评价要有根据,最好有原始材料支持,如 SCI、EI、ISTP 收录证明,有关专家的评价原文,以及鉴定意见书原件等。在对比评价时,对于该领域他人取得的研究成果或不同的学术观点,要进行客观、公正的分析和评价,而不可简单地对某一观点加以肯定、采纳或是否定、摒弃。成果说明需要提供比较充足的依据(如研究条件、样本、结果、方法等),以供专家评价。

对于有关科研成果的材料整理工作,要能够使评阅者对该成果有一个较为全面的认识。材料的结构由若干部分组成,内容应提供支持科研成果的方法与依据,并且可供他人重复和借鉴。对于其中借鉴他人的方法或技术,则应给予描述,并提供所借鉴的文献出处。对于创新或做出重大改进的方法或技术,则必须给出准确、详细的阐述,力求完整。对于课题研究的不足或失误,需认真分析并指出其中的原因,最好能给出改进和设想,以利于他人借鉴。

三、科研成果推出

科研成果推出,是指为了所取得的科研成果能够得到学术界与社会的了解与认可,而进行的一系列相关工作。成果申报、专利申请及论文发表,是科研成果推出的主要途径。

1. 申报成果

科技成果申报是科研成果推出最直接、最有效的方式,也是科研成果得到国家和社会肯定的主要渠道。科研人员可根据科研成果的性质、质量以及对经济发展和社会进步的影响(或潜在影响)进行归口申报。

国家科技奖励制度自 1999 年实行重大改革以来,形成了国家最高科学技术奖、国家自然科学奖、国家技术发明奖、国家科学技术进步奖和中华人民共和国国际科学技术合作奖五大奖项。2003 年 12 月 20 日,温家宝总理签署第 396 号国务

院令,公布了《国务院关于修改〈国家科学技术奖励条例〉的决定》,国务院决定将《国家科学技术奖励条例》第十三条第二款修改为:"国家自然科学奖、国家技术发明奖、国家科学技术进步奖分为一等奖、二等奖 2 个等级;对做出特别重大科学发现或者技术发明的公民,对完成具有特别重大意义的科学技术工程、计划、项目等做出突出贡献的公民、组织,可以授予特等奖"。根据《国家科学技术奖励条例》精神,各个省、市也制定了相应的奖励条例并设置了相应的奖项与等级。

除国家设立的五大奖项之外,为了贯彻《国家科学技术奖励条例》,鼓励社会力量支持发展我国的科学技术事业,加强对社会力量设立面向社会的科学技术奖的规范管理,国家根据《社会力量设立科学技术奖励管理办法》的相关规定,已陆续审定准予了一些社会力量设立科学技术奖如中国汽车工业科学技术进步奖等。

2. 申请专利

专利申请也是科研成果推出的最直接、最有效的方式之一,是科研人员保护自身知识产权的重要途径。对于工程应用方面的项目,如国家、省(部)及市的科技攻关项目以及企业科技创新的横向课题等,在项目结题及验收的要求中,是否已经获得国家专利是评价该项目质量的一项重要指标。专利申请包括三种类型:发明专利、实用新型专利和外观设计专利。

(1)发明:《中华人民共和国专利法实施细则》第二条第一款规定:"专利法所称发明,是指对产品、方法或者其改进所提出的新的技术方案。"从该定义来看,发明应当是一种完整的方案,若所得成果仅仅是一种构思或设想,则尚不足以构成发明。发明必须是新技术方案,是利用自然规律获得的成果,一般以新方法的提出和创新来申报发明专利者居多。例如,首次问世的关于发电机的技术方案就是一项发明,它是利用电磁感应这个自然规律做出的。而经济管理技术、演奏技术、字典辞典编排技术等与自然规律无关的技术方案,都不是专利法所指的发明。

(2)实用新型:《中华人民共和国专利法实施细则》第二条第二款规定:"专利法所称实用新型,是指对产品的形状、构造或者其结合所提出的适于实用的新的技术方案。"由此可见,实用新型也是一种新技术方案。在这一点上,它与发明相一致,也是一种发明。然而,实用新型的发明,相对于发明而言,其创造性要求较低,有人称之为"小发明"。实用新型与发明的区别,主要在于以下几个方面:

①实用新型必须是产品。方法发明,无论是大发明还是小发明,绝对不能申请实用新型专利,只能申请发明专利。

②实用新型必须是有形状、构造的产品。这里讲的形状,是指宏观形状、构造,不包括微观形状、构造。没有固定形状的产品,如气态、液态、膏状、粉末状、颗粒状的产品,以及不是以端面形状为技术特征的材料发明,不能申请实用新型专利。

③某些产品属于不能申请专利的范畴。根据中国专利局1989年12月21日发布的第二十七号公告之规定,下列产品不能申报实用新型专利:单纯材料替换产品;不可移动的建筑物;仅以平面图案为特征的产品,如棋(有立体构造、形状技术特征的除外)、牌等;多台设备构成的系统,如电话网络系统、采暖系统等;单纯的线路,如纯电路、电路方框图、工程流程图以及实际上仅具有电功能的基本电子电路产品(如放大器、触发器等);直接作用于人体的电、磁、声、光、放射或其结合的医疗器具。

(3)外观设计:《中华人民共和国专利法实施细则》第二条第三款规定:"专利法所称外观设计,是指对产品的形状、图案、色彩或其结合所做出的富有美感并适于工业上应用的新设计。"外观设计也叫新式样,它不是技术方案,这一点同发明、实用新型大不相同。实用新型也讲产品形状,但那必须是为了达到某种技术目的。外观设计必须是对产品外表所作的设计,且应当富有美感,还应适合在工业上应用,即能够大批地复制生产,包括通过手工业大量地复制生产。

3. 发表论文

发表论文是实现科研成果推出最快捷、最直接、最有效的方式之一,也是科研人员进行学术交流和技术推广的重要途径。一般而言,课题研究中的很多成果是以科研论文的形式推出的。

发表论文涉及以下三个方面问题:

(1)科研工作成果的质量。

(2)科研论文写作的技能。

(3)论文投稿发表的策略。

有关科研论文的结构、写作方法、投稿及发表方面的内容,将在本书第七章"科研论文概述"、第八章"科研论文写作"和第九章"论文投稿及发表"中详细阐述。

以上对科研成果推出的主要途径进行了阐述,它们各有特点:成果申报一般需课题结题之后才能进行,获得社会认可的周期相对较长,但成果比较系统,一般需要系列文章、专利技术、样品样机等佐证和支撑,质量和水平较高;专利申请周期也较长,特别是发明专利,获授权一般需3年左右时间,受保护和认可的程度也较高;论文发表是最灵活、快捷的成果推出途径,有些专业期刊快报的发表周期仅3个月或更短,但若没有非常吸引人的创新点,则受关注的程度一般较低。研究者可结合课题研究情况,综合考虑并灵活选择科研成果的推出途径,使科研成果能够较快速地转化为生产力,促进经济发展和社会进步。

事实上,除了上述3种科研成果推出的主要途径之外,对于设备改造和技术革新方面的横向应用性研究课题,还有一些其他途径的成果推出方式,如选择某些商业区举办新技术、新产品的推介活动,选择某些人群试用开发的新产品进行市场调查与反馈,等等。这些方式如果设计合理,运作得当,对科研成果的推出也会产生很大的影响,理应引起科研工作者的足够重视。限于本书的篇幅,对此不再加以一一细述。

第三节　经典科研示例

一、正确选题示例

选题是科学研究的第一步,具有战略性和全局性的特点。对自己的研究能力与优势具有正确的判断与把握,在自己所拥有的能力和条件的基础上进行正确的选题,往往能够保证科研方向的正确,最终得到满意的研究成果。

示例1:X 射线的发现——

1895 年 11 月 8 日,德国物理学家伦琴(Rontgen,1845 ~1923)在一次偶然的机会中,意外地获得了一项震动世界的科学发现,即 X 射线,从而成为世界上第一位获得诺贝尔物理学奖的人。事实上,在伦琴发现 X 射线之前,除英国物理学家克鲁克斯(Crooked,1832 ~ 1919)外,还有不少人在使用克鲁克斯管时,也曾发现密封照相底版感了光。然而,在相当一段时间内,对这种现象无人认为值得研究,即不认为它可以构成一个科学问题。伦琴是一个有准备头

伦琴

脑的人,他善于观察实验,留心意外之事,能够以其敏锐的识别能力抓住该现象,并一直跟踪深入研究下去,从而做出了惊人的重大发现,为现代医学的诊断与检测奠定了技术基础。

示例2:中子的发现——

英国物理学家查德威克(Chadwick,1891 ~ 1974),因发现中子而于 1935 年获诺贝尔物理学奖。中子的发现,从预言其存在到正式宣布对它的发现,前后经历了 12 年。

1919 年,英国物理学家卢瑟福(Rutherford,1871 ~ 1937)发现了带 1 个单位正电荷的质子。由于原子核的荷质比不为 1,因此他于 1920 年预言原子核中应该存在一种不带电的粒子,这种粒子后来被命名为中子。但在之后的十年之中,科学工作者们却错过了两次发现中子的机会。

查德威克

1930 年,德国物理学家波特(Bothe,1891～1957)和他的合作者贝克尔(Becher)用天然放射性元素钋放射的粒子去轰击铍,发现从铍中放射出一种穿透力极强的射线,这种射线不带电。但他们却认为发现的是高能射线,结果失去了发现中子的机会。

1932 年,伊琳·居里(Irene Curie,1897～1956)和她的丈夫约里奥·居里(Joliot Curie,1900～1958)重复了这一实验。他们用强大的钋试样来研究波特的贯穿辐射,发现这种射线能够从一层石蜡中把质子打出来。但他们没能够对这种射线进行更深一步的研究,最终在接近发现中子的边缘停止了继续探究的脚步。

同一年,查德威克从波特和约里奥·居里夫妇两次丧失发现中子机会的教训中,深信自己拥有解决中性粒子组成这一科学问题的能力,并把该问题作为科研攻克的选题。他重复了居里夫妇的实验,对这种射线进行了更为细致的研究,终于发现了中子。

示例 3:近代物理革命——

19 世纪中叶,从麦克斯韦对分子运动的研究中发现,经典物理的能量均分定理与实验不符;到 19 世纪末,X 射线和放射性的发现,直接与当时经典理论对能量守恒的理解相悖;而电子的发现则更严重地冲击了原子不可分与元素不可变等传统的物质结构概念。面对这些新发现,当时绝大多数物理学家坚持原有的经典物理信念,就连提出"能量子"概念的德国物理学家普朗克也对量子理论产生了犹豫,并徘徊在经典物理与近代物理的交界处而止步不前。当时,年轻的物理学家爱因斯坦以其敏锐的科学洞察力,开始探索这个重大的矛盾,引入了"光量子"概念,建立了光电效应方程,提出了光的"波粒二象性",成为近代物理学的开创者和引路人中的杰出代表。

古语云:"以铜为镜,可以正衣冠;以史为鉴,可以知兴替。"19 世纪与 20 世纪之交的物理学革命,在科研选题方面给我们以深刻的启事示。

1. 积聚引发突破

科学的发展并非是直线型的,而是波浪式地前进。科学的发展需要积累,即把不同类型的知识积聚到理论构架之中。在积聚的过程中,不同的知识相互碰撞、相互渗透、相互制约,凡是经历严格的理论和实验检验的知识被保留下来,作为人类知识的精华被传承使用并发扬光大。而那些被证明是不科学的知识,则被无情地淘汰掉。科学的发展既不是一些定律的简单汇集,也不是诸多令人震撼事实的合并。从科学史的角度考查,科学发展是知识、现象积聚到一定程度后,由科学观念的引导而引发的科学变革或革命。

20 世纪 60 年代初期,库恩(Thomas Samual Kuhn,1922～1996)通过对科学史

的多年潜心研究,在他的《科学革命的结构》一书中提出了一种科学发展模式。库恩认为:科学并非是以某种不变的速率在发展。在科学发展的周期中,存在着相对较长的"常规科学"时期,而科学变革过程相对较短。期间,变革前占优势的思想规范(即所谓的"范式")被新的"范式"所取代。于是,新"范式"被发展和应用,当其积聚到一定程度会大量出现"反常现象",这种所谓的新"范式"就退化为旧"范式",并与

库恩

更新"范式"相冲突,导致"危机"的出现。"危机"是新理论、新知识、新科学诞生的前奏,是科学变革的前兆。于是,库恩的科学发展动态模式为前科学→常规科学→危机→科学变革→新的常规科学……

2. 观念改变认识

在科学变革到来之前,处在变革前期争论旋涡中的科学家、学者、普通科研人员等,对世界认识的观念各有所长。一般而言,由成熟的知识、理论和经验形成的固有观念根深蒂固,人们不会轻易改变自己对事物认识的观念。当新的发现、新的现象出现时,自然就会形成两个基本的认识阵列:对旧"范式"的维护与对新"范式"的树立。具体表现如上所述的"经典物理"与"量子物理"之争论。而促进争论的根本在于科学观念的变革或改造。"能量子"的提出,改变了人们对经典物理的认识。而"光量子"概念的建立,则揭示了"波粒二象性"的本质,改变了人们对微观粒子的传统认识。

科学发展史表明:观念的改变,会改变人们对世界的认识,也会导致自然观和科研方法的变革。人们对世界认识的观念,受到多种条件的制约,主要表现有以下几个方面:

(1)已有知识的局限:原有的知识、模型、理论和经验不足以解释新现象,旧有观念抵抗对新现象、新规律的探索和认识,阻碍科学认识。如阴极射线、α粒子金箔衍射实验、原子线性光谱等一系列现象的出现,都使得当时公认的原子模型必须进行修正甚至重新设计,以解释新的实验现象。

(2)认识条件的限制:有的实验在一定历史时期内,不可能完成或一时难以实现。理论的预见与实验的落后形成强烈反差,阻碍科学发展。如意大利物理学家、化学家阿伏加德罗(Ameldeo Avogardo,1776~1856)早在1811年就已经提出了"分子"的概念并将其与原子的概念区别开来,还提出了测定分子量与原子量的方法。但由于当时的科学界无法分辨分子与原子,加上化学权威们拒绝接受分子假说,因此,阿伏加德罗的学说直到他去世4年之后,才得到人们的公认。

(3)某些认识的超前:与受认识条件限制相反,有些认识或观念因其研究者具

备足够的实验及分析条件而大大超前。如美国物理学家迈克尔逊（Albert Abraham Michelson，1852～1931）与美国化学家莫雷（E. W. Monley，1838～1923）合作进行的迈克尔逊—莫雷实验，推翻了"以太"的存在，但这一科学认识并不被当时的科学家们看好。

迈克尔逊

（4）众说纷纭逐潮流：当一种潮流到来时，一些错误的认识或观点便会纷纷问世，诸多"实验发现"、"奇异现象"等不一而足，导致人们真假难辨。如在放射性发现的热潮中，就出现过这种情况。

（5）科学认识的曲折：科研工作者，特别是科学家，对新现象、新规律的认识也有一个过程。该过程往往是曲折而漫长的，有时还会倒退。尤其是那些深受传统观念熏陶的人，更是难以改变其认识和观点。如普朗克对自己提出的"能量子"概念就有过犹豫、止步不前甚至倒退的认识。

二、团队协作示例

科研人员个人的能力是有限的，甚至任何一支科研团队的能力都是有限的。正所谓"术业有专攻"，一个科研人员或一支科研团队一般仅对某一方面有深入的了解。随着社会的飞速发展，现代科学研究和大规模技术开发已经成为一种高强度、快节奏的集体行为。一项重大课题的组织和研究，单靠一个或几个人是很难承担的，甚至一支科研团队也未必能够独自担当，需要多个团队分工合作，各自做好擅长的一方面。当今社会，良好的团队意识与合作精神，已经成为一个科研人员必备的能力。

示例4：量子论的建立——

量子论的建立是20世纪初科学革命的重大事件，它引起了人们自然观的革命，也引起了整个物理学和现代科学的革命。量子力学的发展，不是哪一个人的功绩，而是来自世界各国的诸多科学家们共同努力的结果。科学家群体通过交流、切磋、争论和启发，使一些创造性的火花点燃出真理的火焰，进而熔铸成辉煌的成就，而由丹麦物理学家玻尔（Niels Henrik David Bohr，1885～1962）领导的哥本哈根学派，则是这场革命中当之无愧的先锋。

玻尔

玻尔在前人工作的基础上，向卢瑟福的行星原子模型中引入了量子化条件，建立了全新的原子模型。虽然这个模型因为经典力学理论与量子力学理论之间存在不可调和的冲突而仅仅适用于最简单的氢原子,但它所包含的思想却真正推动了后来真正量子化的原子模型的出现。玻尔具有非常优秀的品格,他宽厚、平和、友善,并且能够耐心倾听不同意见,善于团结年轻人,这使得他能够聚集起一批志同道合的研究者,并带领这支团队向一个方向前进。玻尔以其深刻的创造精神、识别本领,自始至终都在引导、限定、深化和改变着这一事业,并最终成为这场革命的核心、灵魂和舵手,造就了哥本哈根精神,即科学的团队精神。

示例5:宇称不守恒实验——

华裔物理学家杨振宁(1922～)、李政道(1926～)二位教授,由于发现"弱相互作用下的宇称不守恒"原理,共同获得1957年的诺贝尔物理学奖。

杨振宁和李政道试图解开"τ-θ"之谜,一开始想在常规理论的框架内进行,但没有得出定论。后来他们认识到:和一般所确信的宇称守恒定律相反,在粒子的弱相互作用中,有可能宇称不守恒。为此,他们对以往能证实宇称守恒的实验逐个进行了认真仔细地检查,发现都是在强相互作用下的实验,而以往所有的弱相互作用的实验对宇称守恒的问题都不能给予明确的回答。于是,他们提出了在弱相互作用下宇称可能不守恒的科学假设。为了验证所提出的科学假设,杨振宁和李政道提出了3个切实可行的实验验证方案,其中一个就是衰变实验。

杨振宁　　　　　　　　李政道　　　　　　　　吴健雄

大胆的假设需要过硬的实验证据,华裔物理学家吴健雄(1912～1997)教授承担了这项实验工作。她精通衰变实验,设计了一个十分精巧的实验,选定极化的钴60核作为试样,在极低温条件下(0.01K),以其精湛的实验技术提供了清晰的物理图像,证实了上述假设,实现了物理学史上理论物理学家与实验物理学家最杰出的一次合作。

宇称不守恒理论的实验证明具有重大的科学意义。在日常生活中,时光不可倒流,即时间之箭永远只有一个指向。老人不能变年轻,打碎的花瓶无法复原,过去与未来的界限泾渭分明。然而,物理学家眼中的时间,过去却一直被视为是可逆转的。例如,一对光子碰撞会产生一对正负电子,而正负电子相遇则同样会产生一对光子,该过程均符合基本物理学定律,即在时间上是对称的。若用摄像机拍下两个过程之一然后播放,观看者将不能判断录像带是正向播放还是逆向播放。从这个意义上说,时间是无方向的。在物理学上,这种不辨过去与未来的特性被称为时间对称性。经典物理学定律都假定时间是无方向的,而且这种假定在宏观世界中也确实通过了检验。

然而,近几十年来,物理学家一直在研究时间对称性在微观世界中是否同样适用。1998 年末,物理学家发现首例违背时间对称性事件。欧洲原子能研究中心的科研人员发现,正负 K 介子在转换过程中存在时间上的不对称性。这一发现虽然动摇了"基本物理定律应在时间上对称"的观点,但却有助于完善宇宙大爆炸理论。

三、捕捉反常示例

课题研究中往往会出现这样的情况:研究者预先设想的结果未能得到,却出现了与其目标相悖的反常现象或结果,这是始料未及的。究其原因,主要有以下三种情况。

1. 计划与实际情况不符

研究者遵循的研究计划可能与实际情况不符,以致如此,这需要通过更严密的科学论证和集思广益加以避免。

2. 研究条件还不够成熟

研究条件尚未达到出现设想结果的要求(如某些物理现象需要达到一定阈值以上才能出现),这是客观条件的暂时限制,不足为虑。

3. 研究条件发生了改变

研究过程中的某些条件因环境或不可控的因素而发生了一些改变,导致与预期目标相悖的现象或结果出现。研究者若遇到了与预期目标相悖的现象或结果,必须谨慎对待,认真分析,不可轻易否定。

经分析若是属于第三种情况,则对研究者而言也许是获得新发现的机遇,不可错过。

示例 6:发现宇宙微波背景辐射——

美国天体物理学家、射电天文学家彭齐亚斯(Penzias,1933 ~),是捕捉反常现象建立奇功的典范。他在持续观测高性能喇叭形天线过程中,发现了一种反常现象:一种持续不断的神秘噪声信号,该信号的出现是高度各向同性的,而且与季节的变化无关。对此,彭齐亚斯研究小组采用"逐步筛除法"逐一区分和消除各种可能的干扰因素,不断追踪天

彭齐亚斯

线的额外温度辐射源。同时,他们又把天线原来的天顶方位转向各个天区,并从

1964 年 7 月至 1965 年 4 月连续不断地进行观测,以考察季节性变化的影响。最后,经过深入细致地观测和推算,确认这种额外噪声正是宇宙微波背景辐射,它源于宇宙大爆炸后残存的电磁辐射,其温度约为 3K。因发现宇宙微波背景辐射,彭齐亚斯获得了 1978 年的诺贝尔物理学奖。该项工作的重大意义在于,人们有可能得到很久以前(如在宇宙形成时)所发生的宇宙变化过程的信息。

示例 7:大啁啾度光纤光栅封装——

本书作者所在的课题组经常要对裸光纤光栅进行敏化封装。一般情况下,要求封装前后的光纤光栅波长 3dB 带宽和谱形的变化应尽量地小。在以往的封装实验中,以光纤布喇格光栅为例,封装前后其 3dB 带宽的变化很小。然而,课题组最近有人采用一种特殊的有机材料对裸光纤布喇格光栅进行敏化封装时,却意外地得到了 3dB 带宽很宽(约 8nm)的啁啾光纤布喇格光栅,而该光纤布喇格光栅封装前的 3dB 带宽仅为 0.3nm。经过深入分析,这种现象和结果的出现,是由于封装材料在固化过程中,沿着光纤光栅轴向形成了应力梯度而造成的。这种大啁啾度光纤光栅很难直接得到,它在光纤通信用窄线宽激光器的研制、温度补偿型光纤光栅传感器的研制以及光纤光栅传感解调系统的开发中,具有广泛的应用价值。该封装实验具有如下启示作用。

1. 反常现象孕育新机

科学研究(特别是科学实验)中出现的反常现象,往往孕育着对新机制、新规律发现的机遇。这种反常现象背后隐藏着的新机,容易被研究者所忽视。而具有敏锐眼力的研究者,往往会透过现象揭示其本质,从而获得科学上的新发现。

2. 对反常现象有准备

科学实验中的反常现象并非常见,它往往是科学发现的前奏或导火索。因此,研究者须密切注意科学实验中反常现象的出现,并且要有足够的思想准备。一旦反常现象出现,立即捕捉,同时深入探究,追根溯源。

四、跨域移植示例

移植方法是指将某一学科的理论、概念,或者某一领域的技术发明和方法应用于其他学科和领域,以促进其发展的一种科学方法。这种方法具有横向渗透和综合性等特点,重大的成果有时来自不同学科的移植。在不同领域运用移植法,其成功的实例不胜枚举。

示例 8:外科手术消毒法——

19 世纪中叶,病人在外科手术后,伤口经常会化脓感染。英国医生李斯特(Joseph Lister,1827 ~ 1912)为此进行了大量的研究工作,但未能找到化脓原因。恰好此时,法国微生物学家巴斯德(Louis Pasteur,1822 ~ 1895)发表了他的研究成果,证明微生物的活动可能引起有机物的腐败。李斯特了解到巴斯德的新发现后,将其原理移植到外科手术中。经过反复实验,他发现了石炭酸(即苯酚)这种防腐剂,发展了外科手术的消毒法,使手术病人的死亡率由40%降到15%。

李斯特   巴斯德

1867年,李斯特发表了第一篇杰出的灭菌学论文,但他的观点并未即刻被人们所接受。1869年,他被任命为爱丁堡大学临床外科学教授,任职7年,名扬四海。1875年,他到法国观光并宣讲他的思想方法。翌年,他又在美国做了一次类似的旅行,但尚未能说服大多数听众接受他的观点。1877年,李斯特被任命为伦敦皇家学院临床外科教授,任期达15年之久。在此期间,他在伦敦所做的灭菌外科演示实验引起了医学界的浓厚兴趣。于是,接受其思想的人不断增多,到李斯特享尽天年之时,他的灭菌原理在医学界已被普遍接受。

李斯特的发现具有重大的应用价值:他使外科学领域发生了彻底的革命,拯救了千百万人的生命。今天不仅死于术后感染的患者极为少见,而且,正是由于李斯特的论文、演讲和演示实验,使整个医学界认识到在医疗中使用灭菌法的重要性。

示例9:关联函数移植法——

耦合模理论是描述光纤光栅反射(或透射)特性较为精确的一般理论,但针对不同的解调系统,其推导过程较繁杂,形式亦多样。本书作者曾从事过高能物理与核物理的研究,提出并建立了一种粒子群关联函数方法,并成功地应用于核子集合侧向流的强度与集体性的定量检测。于是,本书作者将粒子关联函数方法移植到光纤光栅传感理论研究之中,通过定义传感信号关联函数,建立了光纤光栅传感解调的关联理论并用于传感网络系统的设计。该传感新理论具有物理概念明晰、描述方式简洁、解调分类新颖等特点。

关联函数移植法具有如下借鉴意义。

1. 要善用移植方法

科研中采用横向交叉、渗透或移植方法,能够为研究者提供广阔的研究思路,也是获得科研成果的有效途径之一。研究者如能熟练掌握移植方法,将不同领域的概念、模型、理论及方法有针对性地加以移植和应用,将会对该领域的科研工作起到有力的推动作用。

2. 科研需要宽思维

科学研究需要较为宽阔的思维。有些研究者囿于思维或知识的局限,有时看不到其他领域的新发现对自己研究工作可能具有的借鉴意义,或是虽看到了但不知道该怎样进行修改以促进或完善自己的研究。为避免这种情况的发生,研究人员应该对本领域之外至少是重大的发展要有所了解,否则可能会失去有价值的发现或发明的机会。

五、捕捉机遇示例

科学研究中,有关新现象、新原理的机遇时有出现,一旦获得这些机遇,就有可能产生重大的发现与创新。机遇常常稍纵即逝,需要科研人员及时加以捕捉、记录和实践。要做到不轻易漏过机遇,科研人员应该具有深厚的知识积累、丰富的研究经验与敏锐的科学直觉,这需要在长期的科研实践中不断地努力培养。

示例 10:电流磁效应——

1822 年,丹麦物理学家奥斯特(Oersted,1777~1851)在一次报告会快结束时,把当时正巧带着的一根导线的两端与一个伏打电池连接,放在与磁针平行的上方。起初,他故意使导线与磁针垂直,但是没有什么现象发生。然而,当他将导线与磁针平行时,则惊奇地发现磁针发生了偏转。出于敏锐的洞察力,他反转了电流,发现磁针向相反的方向偏转。于是,完全凭借机遇,奥斯特发现了电流的磁效应,即电与磁之间的关系,为英国物理学家法拉第(Faraday,1791~1867)发明电磁发电机开辟了道路。电磁原理的发现,比任何一项其他发现对现代文明的贡献也许都更大。事实上,正如巴斯德所指出的那样:"在观察的领域里,机遇只偏爱那种有准备的头脑。"

奥斯特　　　　　　　　法拉第　　　　　　　　贝尔

示例 11:电话的发明——

1875 年 6 月 2 日是一个令人难忘的日子。贝尔(Bell,1847~1922)和助手沃森在进行讯号共鸣箱的试验,该试验已重复了上百次。试验中,沃森使这些发出讯号的振动膜轮番振动,试图使接收振动膜发生共鸣,贝尔则靠听觉确定实验是否成功。他逐个将那些薄膜放到耳旁,仔细辨听由于电流脉冲产生的声音,但效果显然不理想。连续 16 个小时的紧张工作,使沃森精疲力竭,他精神恍惚地发着讯号,而此时贝尔仍像平时一样地工作着,全神贯注、聚精会神地收听着。突然,他听到了一种断断续续的声音,那是从颤动着的振动膜里发出来的。贝尔当即断定,这不是那种由于脉冲而产生的声音。整个这一切只不过是一瞬间的事情,然而,这却是真正认识的一瞬间。贝尔知道,他终于找到了很长时间没能找到的那把解谜的钥匙。于是,贝尔立即询问沃森是怎样做的,他要看到整个过程。沃森开始解释,当他要接通振动膜时,由于没有调整好螺旋接点,未能把仪器接到电路上。为排除故障,沃森扯动膜片使其振动,而这正是贝尔在接收器里听到的颤音。贝尔立刻意识到,电磁铁上的振动簧片使螺旋线产生了电流。这样一来,接收器收到的不是从仪器发出的电脉冲信号,而是感应电流,这种电流是由弹簧片的振动而产生的。于是,电话就在这一刻产生了。

科学研究是一个艰苦的探索过程,科学大师的成功经验可以借鉴,但不可机械照搬。要通过自身扎扎实实地科研工作,去体会科学研究过程及科研方法的真谛,从中会总结、提炼出自己独特的研究方略。

【思考与习题】

1. 课题研究有哪些关键环节? 其主要内容是什么?
2. 简述科研规划三个主要层面的要点及意义。
3. 组建科研团队需要考虑哪些因素? 为什么?
4. 试论优秀科研团队建设的必要条件及其意义。
5. 课题申报主要包括哪些内容? 其要点是什么?
6. 简述课题方案设计的基本类型及各自的特点。
7. 课题设计的原则有哪些? 其主要内容是什么?
8. 在填写课题任务计划书时,须注意哪些事项?
9. 简述课题研究任务分解过程应注意的事项。
10. 课题研究分几个阶段? 各阶段的主要任务是什么?
11. 科技成果推出之前为什么要进行科技查新?
12. 科研成果推出的主要形式有哪些?
13. 你是否参与过申请科研课题的工作? 有何收获?
14. 调查并收集一下你所从事或者正在学习的专业领域的经典科研实例。
15. 结合所在单位或课题组的实际情况,谈谈学习应用科研方法的体会。

第六章　学术会议及报告

> "不交流思想,不好好地收集信息,就要从事科学工作,是不可想象的。"
>
> ——[俄]福金

第一节　学术会议简介

学术会议是由学术机构组织的、旨在对某一领域内或某一专题中大家共同关注或感兴趣的研究课题进行广泛学术交流的研讨形式,其目的在于为同行学者提供一个面对面交流的场所,从而使参会者得到集体研讨、充分表述个人观点以期共同提高的机会。

当今社会的信息化程度愈来愈高,科研资讯呈爆炸式增长,科研课题的研究层面、深度与广度,特别是研究周期,都较以往有较大的变化。学术会议可以聚集起同一领域内或同一专题中的多名学者,报导最前沿的研究情况,讨论最新的科研问题。在学术会议上,参会者之间的交流机会与平时相比也会大大增加。因此,参加高水平学术会议,是科研工作者获取科研前沿信息、捕捉科研课题机会的重要途径。

一、学术会议类型

全世界每年都要召开千百次学术会议。根据会议性质、举办地点以及举办时间等要素的不同,学术会议可以有多种分类形式。

1. 学术会议分类

以下是几种会议的分类形式:

(1)从学术范围所属的领域而言,有专题学术会议与领域学术会议之分。

(2)从会议主办的国家来看,有国内会议与国际会议之别。

(3)根据会议延续时间的长短,有定期与不定期会议、短期与长期会议等差异。

2. 学术会议类型

学术会议主要有以下几种类型:

（1）代表会议（Conference）：代表会议是指针对某一研究领域中的一些重点问题，召集一些相关的学术代表而举办的学术会议。此类会议规模相对较大，内容丰富，参会人员较多，影响面较广。

（2）专题会议（Symposium）：专题会议是指在某一研究领域中，针对某些专题（热点问题）而举办的学术会议。该会议规模虽然相对较小，但研讨的议题却较为重要。

（3）研讨会（Seminar/ Workshop）：研讨会是指在某一研究领域中，针对某些重要问题（实施方案、具体措施）而举办的学术会议。该会议具有宏观讨论和微观研究的双重学术属性。

（4）讨论会（Colloquium）：讨论会是指会议组织者就某些重要问题（跨领域的战略性计划、宏观政策等）而举办的学术会议，其规模由讨论议题的范围和重要性所决定，可大可小。讨论会与研讨会在某些方面有交叉性。

（5）团体定期会（Session/ General assembly）：该类型的会议是指由学术团体定期组织的、主要由本学术团体成员参加的会议，会议周期短的为半年，长的为一年或两年不等。团体定期会的议题有工作讨论与学术研究之分，会期一般很短，规模也较小。

（6）讲习、短训班等（School/Short Course/Study Day/ Clinic/ Institute/Teach-in，etc.）：该类型的会议一般包括学术专题讲习班、短期专业培训班等，培训期一般很短，时间一般多选择在高校休假期间（暑假或寒假），其规模由培训内容和培训人员所决定，可大可小。

二、学术会议特点

学术性和交流性是学术会议的两个基本特点。

1. 学术性

学术会议的学术性特点主要体现在以下两个方面：

（1）对学科发展具有引导作用：由于学术会议的目的性较强，具有学术研究主题明确的特点，能够集中同一学科领域里的多名研究者，同时可以展示该领域内最新的科研成果、学术动态与研究形势。参会者通过聆听会议报告、参与会议讨论，可以较准确地把握该领域近期的发展趋势，并且有很大的机会寻找到适合自己的研究方向。所以，学术会议对于学科的影响就表现为能够引导学科的发展。

（2）对学术成果具有承认作用：即按照一定标准，对参会者的论文进行评价与筛选，产生会议论文报告，并有目的地组织参会者进行大会发言。这不仅表明了学术会议对研究者研究成果的承认，而且能够影响到研究者个人的科研行为与走向。

2. 交流性

学术会议的交流性特点主要体现在以下两个方面：

（1）交流作用：学术会议是一种学术影响度较高的会议，它能够为科研成果的发表和科研学术论文的研讨提供一个面对面的交流平台，以达到促进科研学术理论水平提高和展示最新科技成果的目的。

图 6.1 为本书作者之一张伟刚教授在 SPIE 国际会议上与外国专家进行学术交流。

图 6.1　本书作者之一张伟刚教授在 SPIE 国际会议上与外国专家进行学术交流

（2）启发作用：研究者和专业技术人员通过参加学术会议，与同行进行学术和技术方面的探讨，在交流过程中获得借鉴和相互启发，从而促进科学研究和技术开发的不断进展。

学术会议因具有学术性和交流性，因此已经成为科研论文发表、科研成果推出的一种重要载体和有效途径。

此外，不同性质的学术会议还会有各自的特点。例如，对国际学术会议而言，成员的国际性和语言的国际化也是它的特点。

成员的国际性是指国际学术会议一般由多个国际机构来组织，并由多个国家或地区派遣代表参加。就参加人员的地域性而言，国际学术会议有广域性和区域性之别。前者如国际光学工程学会 SPIE（International Society of Optical Engineer）、光通信国际会议 OFC（Optical Fiber Communication）等国际学术会议；后者如光电通信国际会议 OECC（OptoElectronics and Communications Conference）、亚太光通信会议 APOC（Asia-Pacifical Optical Communications）等国际学术会议。

语言的国际化是指国际会议上用于交流的语言一般情况下是英语。在某些区域性的国际学术会议上,会议交流语言也可同时使用由大会指定的非英语类语言。参加国际学术会议是科技交流的重要方式之一,熟练掌握外语(特别是英语),对于顺利地参加国际会议和有效地进行学术交流至关重要。

三、学术会议模式

为了能够卓有成效地与学术同行进行交流,下面以国际会议为例具体介绍学术会议的模式。本书作者根据参会经验,现将国际学术会议模式的基本要素归纳如下。

1. **主题**(Theme of the conference)

(1)中心主题(Central/Major theme)或正式主题(Official theme)。

(2)总题目(General theme),下分若干个子题目(Sub theme),具体对应于各个专题领域。

2. **举办者**(Organizer)

(1)主办者(Sponsor of the conference):一般是由一个国际学术组织主办,并有若干个国际学术组织协助承办。

(2)资助者(Financial supporter):要成功举办一个大型的国际学术会议,往往需要多个机构或公司共同资助。

(3)组织委员会(Organizing committee):筹备和举行会议的各项工作(如会议名誉主席/顾问、主席、副主席、秘书长、会议主持人的选定与邀请,特邀报告的选择与安排,会议程序的制定等)一般由会议组织委员会来主持和协调。

3. **举办时间和地点**(Time and Place)

一旦与组织会议有关的原则及相关事宜全部落实,组织委员会就会向各参会单位与组织发出邀请,同时在相应的学术期刊上刊登出该次会议的时间和地点等消息,使会议参加者提前做好准备。会议时间安排和地点选定应充分兼顾大多数参会者的意愿。

4. **会议程序**(Program of the conference)

会议的程序一般由以下几部分构成:

(1)开幕式(Opening Ceremony)。

(2)大会报告(Keynote Paper):也称主题报告(Address Paper),由知名学者或本领域权威人士作报告。大会报告是会议程序中最重要的部分,能够在大会上做主题报告,对于研究者来说是一种学术肯定,也是一种学术荣誉。国际学术会议的学术影响度主要取决于其大会发表论文的学术价值及创新水平,其中大会报告的质量尤为重要。

(3)分组会议(Concurrent/Parallel Session):参会者将在不同的报告厅作口头

报告(Oral paper)或张贴报告(Poster paper)。口头报告包括特邀报告(Invited paper),一般由会议主办机构直接指定并约稿,大会提供特邀报告者发言的时间要比一般的口头报告长一些(约2倍左右),其重要程度也较高。研究者被邀请在分会上作特邀报告也是一种学术荣誉。

(4)闭幕式(Closing Ceremony)。

(5)观光及娱乐(Recreation activities, Entertainment, Tours, Films and Special exhibits)。

5. 征集论文(Call for papers)

(1)论文篇名(Title)。

(2)简短文摘(Short abstract)。

(3)报告形式(Oral or poster)。

(4)截止日期(Deadline date)。

6. 报名费

报名费一般包括注册费、会务费、论文版面费等。在美国举办的国际会议,参会者的报名费以美元支付。在其他国家或地区举办国际会议,参会者一般可以美元、英镑、澳元等外币支付报名费。一般而言,参加会议的人员均须交纳报名费。对于会议论文的接收者,一般只有在交纳注册费和论文版面费后,其论文才能被收入该会议论文集出版。

7. 论文集

参会者在会议上的口头报告或张贴报告一旦通过大会论文评审组的评审,即可由大会统一印制成论文集并公开出版。根据所涉及的研究领域以及在学术方面的影响等因素,论文集可不同程度地作为 EI 或 ISTP 等数据库的收录源。

第二节　学术会议报告

在学术会议中,除了会议期间的非正式交往(包括午餐会、会间休息、会下讨论、交流、参观、游览等)之外,学术报告和会议讨论仍旧是会议的主要交流形式。

一、会议报告概述

1. 学术报告

学术报告是学术会议交往的重要形式,是研究者公开发表自己研究成果的重要途径。学术报告包括特邀报告、口头报告、张贴报告等形式。其中,特邀报告有大会特邀报告和分组特邀报告之分。

(1)特邀报告:指学者受主办学术会议的主席之邀而在学术会议上发表的演讲内容。特邀报告的作者一般都是某一领域的学术权威或资深专家(学者),受到特邀不仅是一种学术荣誉,也是对该学者学术成就的一种肯定。

(2)口头报告:指被学术会议接收并安排在指定地点进行口头演讲的内容。目前,大多数会议都要求报告者事先准备好报告的演播文件(如 PPT 文件等),会议组织者会提供相应的演播设备以供报告者选用。

(3)张贴报告:指在学术会议上以张贴的形式进行交流的报告。张贴报告一般不会张贴全文内容,只把其中最重要的研究成果以提纲的形式展示给与会者。报告者必须在大会指定的时间和地点张贴报告内容,并且在现场接受咨询与回答提问。

需要指出的是:张贴报告与口头报告具有同等的地位,二者相应的论文均被收录到会议论文集之中。

2. 报告提纲

学术报告是学术会议交流的核心。因此,如何准备学术报告,对研究者及专业技术人员具有非常重要的意义。

(1)题名:要求删繁就简,不致歧义,力求使其信息量大而又简短醒目。以国际学术会议为例,如作综述性质的报告,恰到好处的题名应以 Review of 或 Overview of 等开头;如研究性质的报告,则以 Study on 或 Research of 等开始为宜。

(2)提纲:提纲的格式一般类似于文摘,要把报告的重点、结论等内容分条列出。一般情况下,以三级提纲的形式列举阐述,效果最好。

(3)演播片:为报告准备的演播片一般应采用图文并茂的文件形式(如 Power-Point 文件),要求纲目有序,页面简练;字体醒目,重点突出;图表清晰,篇幅适中。

二、撰写报告提纲

在学术会议上做报告之前,报告者一般需要将报告的重点内容整理成提纲,并提交给会议组织者,由会议组织者在报告前分发给旁听报告的人,以便其他参会者能够提前了解报告的主题和关键内容,从而更好地在报告中获取自己所需的信息。同时,在整理提纲的过程中,报告者也能够更好地把握报告的内容,抓住重点信息,保证报告详略得当,并对旁听者可能提出的问题做出一定的预测和准备。因此,提纲在报告过程中占有相当重要的地位。

1. 报告的基点

撰写提纲的目的是为听者提供关键信息。因此,报告提纲一定要简练。

2. 提纲的形式

提纲的形式一般有摘要式、文摘式、论文式、条列式、图表式、复合式等。

3. 提纲的要点

提纲的撰写要突出主要研究成果,其要点是注意选取关键词、语句的逻辑性、内容之间的关联性、观点的引用、图表的说明、结论的印证,等等。

下面以本书作者在 OECC '2003 国际学术会议上的特邀报告为例,对学术报告提纲的格式和要求进行说明。图 6.2 为本书作者之一张伟刚教授在 OECC '2003 国际会议上作特邀报告。

图 6.2　本书作者之一张伟刚教授在
OECC '2003 国际会议上作特邀报告

1. Title

Novel Optical Fiber Sensor Based Fiber Grating

2. Contents

(1) Introduction

①Fiber grating sensing (FGS) technology

②Many excellent characteristics of FGS

③Important questions of FGS research

④Design and realization of novel FGS

Points of this paper

Sensing principle of FBG bandwidth and center wavelength;

Novel FGS with FBG bandwidth, and center wavelength;

Brief summary including system and application.

(2) Sensing Principle

①Sensing principle of FBG bandwidth

②Sensing principle of center wavelength

(3) Novel FBG Bandwidth Sensor

①FBG bandwidth sensor based on bilateral cantilever beam

②FBG bandwidth sensor based on equal-intensity beam

③FBG bandwidth sensor based on simple beam

(4)Novel Center Wavelength Sensor

①Temperature-independent, temperature active compensation.

②Pressure or planar force sensing.

③Packed Material selecting and packing region is free for sensing grating.

3. Brief Summary

(1)The sensing principles of FBG bandwidth and center wavelength are expounded and their equations are given.

(2)The novel temperature-independent FBG-type sensors can be made by means of the special design and technique.

(3)Several novel sensors of the FBG bandwidth and the center wavelength are analyzed and discussed.

4. Acknowledgement

These works are supported by the National 863 high technology project under the grant No. 2002AA313110, the National Natural Science Foundation under the grant No. 60077012, and the Start-up Foundation of Scientific Research provided by the personnel department of Nankai University, China.

三、报告会前演练

正式报告之前需要做好充分的准备,而会前演练对报告的成功关系重大。通过演练,不仅能够对演讲的内容了然于胸,更可以提高对演讲成功的信心,并且在一定程度上避免出现某些可能影响报告的事故。

1. 调整状态

通过会前演练,可在时间、节奏、神态、完整性、清晰度等诸多方面进行适当修正,对报告内容进行完善,将演讲状态调整到最佳。

2. 调试设备

报告前必须对有关设备进行调试,检测其是否与待接入的设备或器件兼容,图文及音响效果是否满足要求,等等。这一过程非常必要,切不可疏忽大意。以往有些报告者因事先未进行此项检测,导致临场出现文字不清晰、图像不显示等情况的发生,以致影响了报告质量,甚至导致报告因此而被迫取消,其教训十分深刻。

3. 做好预测

通过会前演练,能够对演讲中可能出现的差错或意外事件进行预防,提出应对策略和补救措施,保证报告的顺利进行。经验表明,自带笔记本电脑并备份报告电子文件,是避免因现场设备出现突发事故、不能启动播放文件而影响报告的有效措施。

四、参会注意事项

参加国际或国内学术会议,是代表国家或本单位(或课题组)进行学术交流。参会者除了需要了解一般的会议规程之外,尚有一些参会注意事项需要注意。

1. 参会要点

本书作者根据多次参加国内外学术会议的经验,概括出以下参会要点:

(1)成果突出、创新性强是参会的基础。

(2)提纲简明、准备充分是报告的前提。

(3)句法准确、语言流畅是必备的技能。

(4)听懂提问、认真回答是负责的态度。

(5)诚恳谦逊、举止得体是成功的保证。

2. 会上报告

(1)报告要求:陈述具有逻辑性,结构具有条理性,尽可能多地准备可视材料,语言简洁,举止自然,张弛有度。

(2)把握节奏:报告的一般步骤包括开场白、导言、内容、结论、致谢,等等。

(3)听懂提问:报告之后,参会者会向报告者提出问题。报告者应首先听懂问题,若不明白,可以要求提问者重述或者解释一遍。回答问题之前,应重述一遍所提的问题,以确认问题的准确性和完整性。要做到:礼貌,认真,理解,确认。

(4)从容应答:对问题的回答方式及效果,反映了报告者的综合素质,对此要特别加以注意。尤其在国际会议上,更要注意把握好这个环节。报告者的应答策略是:谦逊,从容,稳妥,完整。

3. 会后交流

在学术会议期间的交往,也是参会者需要关注的问题。因为不论学术会议日程安排得多么满,参会者总能够抽时间与老熟人或新相识进行交流。这种交流可以在许多地方进行,如会议报告厅休息室、宾馆厅堂、餐桌前、旅游车上,以及海滨、公园、运动场等,这取决于开会的条件和会务人员的具体安排。在这些交流过程中,双方或多方参会人员交流的形式和内容广泛而丰富,涉及到天气、旅游、工作、爱好、家庭等,大家互相交换看法并留下印象。这些交流有助于学者之间彼此接近,形成有利的心理氛围,而这种氛围对会议的圆满成功是不可或缺的。因此,凡是参会者,都应努力创造这种宽松、愉悦的学术交流气氛,使参会者在获得学术方面收获的同时,也在内心感到参会的快乐!

第三节　学术会议示例

一、国内学术会议示例

（一）会议示例

1. 会议名称

第二届中国光纤器件发展研讨会。

2. 时间与地点

2004 年 6 月 22～23 日，上海。

3. 会议组织机构

（1）主办单位

中国电子元件行业协会,中国通信学会光通信委员会,上海市通信学会,武汉邮电科学研究院,中国电子科技集团公司第二十三研究所,上海交通大学。

（2）承办单位

中国电子元件行业协会光电线缆分会,上海市通信学会光通信专业委员会。

（3）会议支持媒体

《光电子·激光》,《光纤与电缆及其应用技术》,《光纤在线》,《光通信》,《光通信技术》,《电信科学》。

（4）赞助单位

亨通集团有限公司,中国电子科技成果集团公司第二十三研究所。

4. 会议学术机构

（1）大会主席和秘书长:略。

（2）学术委员会

主任、副主任及委员:略。

（3）组织委员会

主任、副主任、委员:略。

（5）论文编辑委员会

主任委员、主编、副主编及委员:略。

（6）会议服务机构:(略)。

5. 大会议程

（1）会议开幕式:

①致开幕词。

②领导及专家讲话。

③会议东道主领导讲话。

（2）特邀报告

主持人：（略）

①光通信器件和模块 2004 年展望

②网络的发展与器件

③光纤通信中一些新型光器件的研究与发展现状

④支撑光网络发展的 Si 基光子集成器件的研究进展

⑤集成声光宇 MEMS 法布里—珀罗可调谐滤波器的研究

（3）分会报告 1（光无源器件组）

主持人：（略）。

①光纤技术革命——多孔光纤

②新型光纤光栅传感器的设计

③传感用耐热光纤技术

④强耦合光纤波分耦合器解调技术的全波光纤 FBG 传感器

⑤商用仪器化的 FBG 传感器检测系统

（4）分会报告 2（光有源器件组）

主持人：（略）

①掺铒波导放大器性能的数值模拟

②以太无源光网络中突发发射模块的设计

③基于半导体光放大器中四波混频效应的正交双泵全光波长变换

④基于级联 WDM 光纤耦合器的光纤光栅解调系统技术研究

⑤三波长泵浦实现平坦 C + L-Band 光纤拉曼放大

（二）会议邀请函

上海大学通信与信息工程学院

上海市特种光纤重点实验室

清华大学电子工程系

电话：8621 – 5633 – 3658

传真：8621 – 5633 – 6908

E-MAIL：tywang@ mail. shu. edu. cn

尊敬的　张伟刚　教授：

"光纤传感器发展策略国际研讨会"是以加强我国光纤传感技术及其产业化为目的，为加速其与国际 OFS 接轨的步伐而发起的，对于我国此领域的进一步快速发展具有重要意义。鉴于您在光纤传感相关领域的杰出成就和国际威望,我谨代表组委会邀请您参加此研讨会。如有可能,请您在会上作一特邀报告,并请告知报告题目。

　　　　顺致

　　教安

汪敏　大会主席

廖延彪　大会副主席

王廷云　程序委员会主席

"光纤传感器发展策略国际研讨会"组委会

2007 年 8 月 1 日

请将此表格填写后回复:ffpang@ shu. edu. cn, zenglong@ shu. edu. cn

专家	报告题目	参加人数	联系方式
张伟刚	微结构光纤传感器的设计及最新进展	1 ~ 2	

二、国际学术会议示例

1. Conference name

9th Optoelectronics and Communications Conference/3th International Conference on Optical Internet(OECC/COIN)

2. Date and Site

July 12 – 16, 2004, Pacifico Yokohama, Yokohama Kanagawa, Japan

3. Cosponsored by

略。

4. Technically Cosponsored by

略。

5. Financially Supported

略。

6. Organizing Committee

(1)Organizing

Co-Chairs and Secretanies 略。

(2)General Arrangement

Co-Chairs, Secretanies and Member 略。

(3)Treasury

Co-Chairs and Members 略。

（4）Publicity & Registration

Co-Chairs and Members 略。

（5）Local Arrangement

Co-Chairs and Members 略。

7. OECC International Advisory Committee

Co-Chairs and Members 略。

8. COIN International Steering Committee

Chair and Members 略。

9. Advisory Committee

Chair, Advisors and Members 略。

10. Technical Program Committee

Co-Chairs and Secretanies 略。

（1）Optical Network Architecture

Category Chair and Members 略。

（2）Optical Network Control and Management

Category Chair and Members 略。

（3）Transmission Systems and Technologies

Category Chair and Members 略。

（4）Optical Fibers, Cables and Fiber Devices

Category Chair and Members 略。

（5）Optical Active Devices and Modules

Category Chair and Members 略。

（6）Optical Passive Devices and Modules

Category Chair and Members 略。

11. Plenary Talks

（1）Photonic Network Activities in Europe.

（2）Quick Review on Development of Semiconductor Lasers in Japan.

（3）TransLight: the Initial Infrastructure Component of the Global Lambda Integrated Facility.

12. Workshop

（1）Optical Packet and Burst Switching.

（2）Optical Ethernet.

（3）Micro / Nano Waveguides and Devices.

三、国际会议常用句法

国际学术会议常用语较多,其句法视不同场合灵活多变。下面是一些较为典型的语句,包括开场语句、导言语句、内容语句、结束语句、致谢语句、提问语句、答复语句以及主持语句。

图6.3 为本书作者之一张伟刚教授在 OECC '2003 国际会议上主持分会报告。

图6.3 本书作者之一张伟刚教授在
OECC '2003 国际会议上主持分会报告

1. 开场语句

(1)"Mr. Chairman! Ladies and Gentlemen! I'm greatly honored to be invited to address this conference."

(2)"Mr. Chairman, first let me express my gratitude to you and your staff for allowing me to participate in this very important conference."

(3)"I am very pleased to have this opportunity to … "

(4)"First let me express my gratitude to … "

(5)"Now after a short introduction I would like to turn to the main part of my paper… "

2. 导言语句

(1)"The title of our paper is … "

(2)"This report contains …,first, … second, …, finally, …."

(3)"In this paper, a new method of … is proposed."

(4)"Our hypothesis is that … "

(5)"The most important results are as follows … "

(6)"In the introduction to our paper, I would like to … "

(7)"I want to begin my presentation with … "

(8)"The first thing I want to report about is … "

(9)"First of all I would like to talk about …"

(10)"My report aims at …"

3. 内容语句

(1)"In our paper, we proposed a new method (novel structure) … "

(2)"This paper comments briefly on … "

(3)"According to this theory, we can obtain that … "

(4)"The most important results are as follows … "

(5)"As far as I know … "

(6)"As shown Fig. 1, we can see that … "

(7)"It is a well-known fact that … "

(8)"Let us have a closer look at … "

(9)"Let me give an example of … "

(10)"It should be pointed out that … "

(11)"As an example I can suggest … "

(12)"I am disposed to think that … "

(13)"Basically, we have the same results as … "

(14)"Let us consider what happens if … "

(15)"It should be pointed out that … "

(16)"It should be mentioned that … "

(17)"Let us suppose that … "

(18)"The author introduces the new concept of … "

(19)"Our discussion will focus on the problem of … "

(20)"The design of the experiments was to reveal … "

4. 结束语句

(1)"In closing I want to mention very briefly … "

(2)"The last part of my report will be devoted to … "

(3)"In conclusion may I repeat … "

(4)"In summing, I want to conclude that … "

(5)"Summing up what I have said … "

(6)"Before I close I would like to emphasize the importance of … "

5. 致谢语句

(1)"This paper would not have been presented if I had not received the encouragement of … and the beneficial discussions with …"

(2)"These works are supported by the Science Foundation … under the grant No. … and the project … under the grant No. … "

6. 提问语句

(1)"I would like to know … "

(2)"Could the author tell us … ? "

(3)"May I ask you … ? "

(4)"I'm interested to know … "

(5)"I have two brief questions … "

(6)"I would like to ask you why … "

(7)"Would you mind explaining how … ? "

(8)"Have you done any studies on … ? "

(9)"My next question relates to … "

(10)"What could Dr. × × × explain about … ? "

7. 答复语句

(1)"I would answer your questions as follows … "

(2)"The answer to the first question is … "

(3)"I would like to answer your questions with … "

(4)"Perhaps we'll meet and talk about this problem after report is over. "

(5)"Do you mind if I'll try to answer it later?"

(6)"For this question, perhaps Dr. × × × could answer it better?"

8. 主持语句

(1)"May I have your attention, please. "

(2)"The next speaker is Prof./Dr. × × × ; the title of his/her paper is … "

(3)"Are there any questions to Professor × × ×?"

(4)"I'm afraid your time is up. "

(5)"Take the floor, please. "

(6)"We thank Dr × × × for his excellent report. "

(7)"I would like to make only one modest remark about … "

(8)"Next we will hear from Professor × × × … "

(9)"I would like to summarize … "

(10)"I would like to say that I have been impressed by … "

【思考与习题】

1. 学术会议有哪些类型？各有什么特点？
2. 简述国际学术会议及其特点。
3. 简述国际学术会议模式的基本要素及主要内容。
4. 学术会议的基本程序是什么？有哪些规范和要求？
5. 什么是学术报告？它有哪些基本形式？
6. 简述学术报告提纲撰写的形式和要点。
7. 研究者参加学术会议的基本要求是什么？
8. 你聆听过哪些高水平的学术报告或讲座？有何感受和体会？
9. 你所在的单位是否经常举办学术会议？会议规模和参会人员情况如何？
10. 收集一下有关参加国际学术会议的常用语句，整理成短文与大家交流。
11. 你参加过哪些类型的学术会议？有哪些参会收获？
12. 在学术会议上作报告，一般需要注意哪些问题？
13. 结合本章内容并参照有关国际学术会议的模式，设计一份报告提纲或演播文件（PPT 文件）。
14. 为高质量地参加国内外学术会议，参会者需要注意处理好哪些事项？
15. 访谈你所认识的教授或学者，了解他们参加国际学术会议的情况，整理出短文与大家交流。

第七章　科研论文概论

> "年轻科学家要注意科学论文写作的技巧和艺术。"
>
> ——［英］贝弗里奇

第一节　科研论文概述

一、科研论文概念

科研论文是自然科学、社会科学、工程技术以及应用开发中的科研探索、社会调查以及技术开发等论文的统称,是反映和传递科技信息的主要来源,是记录人类科学进步的历史性文件,是科技工作者创造性劳动的智慧结晶。

本书作者认为,对科研论文的理解应从三个方面入手;即论文的含义、撰写与索引。

1. 论文含义

科研论文是以文字形式对最新科研成果的记录,它是科研成果的一种直接体现,也是学术交流的重要形式之一。

2. 论文撰写

论文撰写是科研工作者必备的一种基本技能,是科研工作的重要过程。

3. 论文索引

论文索引是反映论文价值的最直接体现,是评价科研成效的公认尺度。

二、科研论文特点

科研论文的主要特点是创新性、学术性和可读性。

1. 创新性

创新性(或独创性)是指科研论文中的主要研究成果应当是以往所没有被发现或发明的。一篇文章中若是没有新的观点、见解、结果或结论,就很难称其为科研论文。创新性是科研论文的生命力之所在,是衡量科研论文质量高低的重要标

志,这主要表现在两个方面:

(1)科研成果:表现在科研所取得的成果上,必须是报道新发现、总结新规律、阐释新见解、创建新理论、提出新问题等。

(2)科研方法:表现在科研所应用的方法上,必须是对实验程序进行全新设计或是重大改进,或是测试的精度有较大提高,或是运用新技术、新仪器取得了新成果,等等。

2. 学术性

学术性是指科研论文所具有的学术价值。对于通过实验、观察或者其他方式所得到的结果,要用足够的事实和缜密的理论对其进行符合逻辑的分析、论证与说明,并形成科学的见解。学术性表现在专业上,主要体现在以下几个方面:

(1)研究的科学性:科研论文中的研究结果是真实可靠的,且具有可重复性。一般要求科研论文在分析论证上实事求是,提出的观点明确,推证符合逻辑,科研设计严谨合理,测试数据充分可信,数据处理恰当精确,等等。因此,对科研论文而言,"无科学性即无学术性"。

(2)内容的专业性:科研论文中阐述的内容,通常是某个专业领域中在理论或实验方面具有创新意义和学术价值的知识。因此,科研论文的内容具有很强的专业性。

(3)读者的专业性:科研论文所面向的读者,主要是具有一定学术水平和专业知识的科研及技术人员。因此,从事科研工作的人,应努力扩大自己的专业知识面,以便更好地阅读并理解相关领域的科研论文。

3. 可读性

论文中的文字描述是科研结果整理和表达的主要方式之一,应该简单明了地阐述研究结果,如理论、实验、开发、设计、证伪的概要以及图和表的内容等要点,切忌重复具体数据。

三、科研论文类型

科研论文承载着科研工作者的研究成果。科研论文因作者和涉及的领域不同,其发表方式也存在着差异,这使得科研论文具有多种形式。按照一定的标准,合理地对科研论文进行分类,不仅可以对科研成果的总结条理清晰、层次分明,更可以让科研工作者在查阅前人的工作成果时节省大量时间和精力。

(一)根据研究领域分类

从研究领域考虑,科研论文一般可分为理论性、实验性、应用性等基本类型。

1. 理论性科研论文

在自然科学、社会科学以及技术开发应用领域,都有层出不穷的理论研究成果。这些理论研究成果是研究者个人或者研究集体对某一自然、社会或思维等现象的内在规律性所进行的理论探讨,将它们以科研论文的形式表现出来,就形成了理论性科研论文。具有创新价值的科研论文的发表,对于科学发展和技术进步具有重大的推动作用。

例如,麦克斯韦在 1855～1856 年发表题为《论法拉第力线》的第一篇电磁学论文,建立了法拉第力线模型,提出了电磁场的六条基本定律。1861～1862 年,他发表题为《论物理力线》的论文,提出了电位移和位移电流的概念。1865 年,他又发表题为《电磁场的一个动力学理论》的论文,提出了电磁场方程组,预言电磁波的存在和电磁波与光波的同一性。由此,麦克斯韦因创立电磁场的数学理论而在 19 世纪的电磁学史上树立起了一块丰碑。他的理论激励了一代人去探索和证明电磁波的存在,鼓励和指导过数代人利用电磁波为人类造福,对当代科学与技术的进步产生了巨大的影响。

再如,1905 年,爱因斯坦发表题为《论动体的电动力学》的论文,这是阐述狭义相对论的第一篇论文,也是物理学中具有划时代意义的历史文献。在该论文中,爱因斯坦引入了光速不变原理;在空间的各向同性和均匀性假设下,给同时性下了可度量的定义。在狭义相对论中,空间间隔(长度)、时间、时间间隔、同时性都变成了相对的量,时间和空间彼此不再独立,质量也不再是一个绝对不变的量,它们都随物质运动的速度而变化。狭义相对论利用严格的数学公式,以自然科学定律的形式深刻地诠释了时空同物质运动、时间与空间之间的统一性,从中可得出一系列重要结论,如运动的尺子缩短、运动的时钟变慢、光速不可逾越等。爱因斯坦有关相对论的论文,排除了动体电动力学发展道路上的障碍,在近代物理发展史上具有十分重要的地位。相对论观点的出现,把人们的思想引向一个奇妙的新世界。

2. 实验性科研论文

实验性科研论文的重点在于实验的设计方案以及对实验结果进行的观察和分析。它有两种基本形式,一种是以介绍实验本身为目的,重在说明实验装置、方法和内容;另一种是以归纳规律为目的,重在对实验结果进行分析和讨论,从而总结出客观的规律。

例如,1826 年,德国物理学家欧姆(Georg Simon Ohm,1787～1854)在《化学与物理学学报》上发表了题为《论金属传导接触点的定律及伏打仪器和西费格尔倍加器的理论》的论文。在这篇论文中,欧姆叙述了他十余年来对导体中电流与电压关系的研究工作,也介绍了他使用的仪器装置,最后从大量数据中归纳出结论:通过给定导线的电流与导线两端的电压成正比。这一发现得到了多位科学工作者的验证,被英国皇家学会称为"在精密实验领域中最杰出的发现"。1881 年,国际电工委员会将电阻的单位定为"欧姆"。

再如,1841 年,英国物理学家焦耳(James Prescot Joule,1818 ~ 1889)在《哲学杂志》上发表了题为《关于金属电导体和电池中在电解时放出的热》的论文。在这篇论文中,焦耳介绍了他设计的测量电热的实验,并附上了装置图示。该实验利用已知数量的水吸收通电线圈放出的热,通过测量温度变化来确定电热(Q)与电流(I)、电阻(R)、通电时间(t)的关系,并最终得出结果。后来,俄国物理学家楞次(Lenz,1804 ~ 1865)重复了焦耳的实验,并得到了相同的结果,该定律被称为焦耳—楞次定律。

3. 应用性科研论文

将理论研究成果应用于解决实际问题,是研究者及专业技术人员的使命。在自然科学研究领域,应用研究包括技术研究和产品研制两个方面,其核心是技术开发。研制是技术开发与应用的成果的继续和发展,即利用所开发的技术研制出各种型号和规格的产品,以满足生产和其他领域的需求。在社会科学研究领域,根据科学理论提出的各种改革方案,就是社会科学应用研究的一种方式。

例如,荷兰物理学家惠更斯(Christiaan Huygens,1629 ~ 1695)在伽利略的工作基础之上,进一步确证了单摆振动的等时性,并将其应用于计时器,从理论和实践两方面研究了钟摆,实现了计时器从原理上保持精确等时性的可能。他在《摆钟》(1658)及《摆式时钟或用于时钟上的摆的运动的几何证明》(1673)这两篇论文中,研究了复摆及其振动中心的求法,通过对渐伸线、渐屈线的研究找到了等时线、摆线,研究了三线摆、锥线摆、可倒摆及摆线状夹片等多种钟摆及其附件,并绘制了某些摆钟的结构设计图,其中就包括含摆锤、摆线状夹板、每隔半秒由驱动锤解锁的棘爪等构件的船用钟。惠更斯根据自己的研究成果,制成了世界上第一架计时摆钟,这架摆钟由大小、形状不同的一些齿轮组成,利用重锤作单摆的摆锤,由于摆锤可以调节,计时就比较准确。在《摆钟论》一书中,惠更斯详细地介绍了制作有摆自鸣钟的工艺,还分析了钟摆的摆动过程及特性。多少世纪以来,如何准确地测量时间始终是摆在人类面前的一个难题。惠更斯的工作,使得人类进入了一个新的计时时代。

又如,深圳经济特区的创设与实践,就是社会科学应用研究的一个很好的示例。1979 年,国家正式制定经济特区发展规划;1980 年 5 月,中共中央与国务院发出 41 号文件,正式将深圳定为"经济特区";1988 年 11 月,国务院批准深圳市在国家计划中实行单列,并赋予其相当于省一级的经济管理权限。在设立经济特区后的 20 余年中,一系列经济政策的实施使得深圳的经济发展水平突飞猛进,已经成为中国大陆人均国内生产总值最高的城市,2003 年人均 GDP 已经达到 6510 美元。

(二)根据发表形式分类

就发表形式而言,科研论文一般包括期刊论文、学术著作和会议论文 3 种基本类型。

1. 期刊论文

期刊论文是发表在国内外正式出版的学术期刊上的文章、通讯或报道,一般包括综述(Review)、文章(Paper)、简讯(简报)(Communication)等。

2. 学术著作

学术著作是指对某一专题具有独到学术观点的著作,一般为作者多年研究成果的积累或者是已发表的科研论文的集成,一般有学术论著(独著、合著、编著等)与学位论文之分。

3. 会议论文

会议论文是指某次学术会议之后发表的论文集中所包含的论文,由该次学术会议主办者征集并经专家评审通过,并曾经在该次学术会议上进行过报告或张贴。会议论文在收录进相应的论文集之前,一般需经会议主办者修改、编辑。

四、科研论文结构

科研论文的结构一般包括题目、作者及单位、摘要、关键词、引言、正文、结论、致谢、参考文献、附录等部分。其中,尤其要重视题目、摘要、图表、结论和参考文献。

1. 题目

科研论文起着传播科研信息、进行学术交流、指导课题研究的作用。论文的题目是科研信息的集中点,应当可以准确地反映文章内容,同时能够为读者提供有价值的研究信息。因此,科研论文的题目必须具体、简洁、鲜明、确切,并且有特异性和可检索性。

2. 作者及单位

作者姓名在文题下按序排列,作者单位名称及邮政编码则写在作者姓名的下一行。作者署名顺序应主要按照各位作者(或单位)在研究中所发挥的作用、所做出的贡献以及所承担的责任由大到小依次排列,而不应论资排队。对于来自不同单位的多位研究者,可在其姓名右上角以阿拉伯数字标注,单位名称应按作者顺序统一进行标注。

3. 摘要

摘要(Abstract)是论文中主要内容的高度浓缩,能够提供文中的关键信息。论文摘要应简明扼要地描述课题的性质、研究目的与意义、使用材料与方法、结果、讨论和结论中的重要内容。论文摘要一般不超过200字。学术期刊论文一般都要求提供中英文双语摘要。

4. 关键词

科研论文一般都要求在摘要下面标出关键词(Key words)。标出关键词的目的是让论文能够正确地编目,便于做主题索引及电子计算机检索。因此,作者给出的关键词应当简洁、准确,以达到将论文中可供检索点列出的目的。关键词是专业术语,而不是其他词汇,一般要求列2~5个。关键词的选用要求能够标出文章所研究和讨论的重点内容,仅在研究方法中提及的手段则可不予标出。关键词应尽量按照国际标准使用,如无法组配则可选用最直接的上位主题词,必要时可选用适当的习用自由词。

5. 引言

引言又称引论或前言,是写在论文正文前面的一段短文,一般为300字左右,描述该项研究的背景与动向、研究目的(包括思路)、范围、历史、意义、方法及重要研究结果和结论,起到提纲携领作用。有些期刊论文的研究背景知识篇幅较长,应适当压缩。引言要切题,起到给读者一些预备知识的作用,并能引人入胜。因此,引言要开门见山,精练且有吸引力,应扼要地介绍与本文密切相关的史料,主要讲清楚所研究问题的来源及本文的目的性。引言的内容无需在文中重复,初写者常将前言部分内容和结论部分重复,这是要避免的。

比较短的论文可以只用小段文字作为引言。在撰写学位论文时,由于论文内容需要能够反映出作者确已掌握了坚实的基础理论和系统的专业知识、具有开阔的科学视野以及对研究方案进行了充分论证等问题,因此,有关课题研究的历史回顾和前人工作成果的综合评述(包括必要的理论分析等),也可以单独成章,并用足够的文字叙述。

6. 正文

正文是论文的主体,即核心部分,占全文的大部分篇幅,由理论推导、实验结果及分析组成。正文撰写的质量反映出论文水平的高低及其价值大小,是形成研究观点与主题的基础和支柱,也是论文做出结论的依据。正文的内容包括理论基础知识、基本关系式、导出的公式、实验方法及仪器、真实可靠的数据、测量结果、误差分析、效果的差异(有效与无效)、科学研究的理论和实验结论等。对于不符合主观设想的数据和结果,也应对其做出客观的叙述与分析。该部分可根据不同情况分段叙述,可以设小标题,小标题之下亦可再设分标题,以保证正文内容具有足够的层次性和逻辑性。

7. 结论

结论是论文最后的总体结语,主要反映论文写作的目的、解决的问题及最后得出的结论。任何研究论文都要尽可能地提出明确的结论,用语应言简意赅,反映论文的重要结果。读者阅读结论后,应能够再次回忆和领会文中的主要方法、结果、观点和论据。结论要与引言相呼应,但不应简单重复论文摘要或各段小结,一般应逐条列出,每条单独成一段,可由一句话或几句话组成,文字应简短,一般在 100 ~ 300 字以内,不可用图表代替。

8. 致谢

致谢是作者对在该论文中参与部分工作、对完成论文给予一定帮助或指导、修改或校审的有关单位和个人表示感谢的用语。其中,也包括给予科研基金资助的课题的致谢。致谢必须实事求是,并征得被致谢者的同意,一般置于文末与参考文献著录之前。

致谢一般包括以下几个部分:

(1)国家科学基金、省(部)科研基金、资助研究工作的奖学金基金、合同单位、资助或支持的企业、组织或个人;

(2)协助完成课题研究任务以及为研究工作提供便利条件的组织或个人;

(3)对课题研究提出有价值的建议以及为研究工作提供帮助的人;

(4)给予转载和引用权的资料、图片、文献、研究思想和设想的所有者;

(5)其他应感谢的组织和个人。

9. 参考文献

参考文献指在研究过程中和论文撰写时所参考过的有关文献的目录,须按照中华人民共和国国家标准 G117714 – 87《文后参考文献著录规则》的规定执行。在学术论文后列出参考文献有三个目的:

(1)为了反映作者论文中涉及的研究内容具有真实的科学依据;

(2)为了体现严肃的科学态度,阐明文中的观点或成果是作者原创,还是借鉴于他人;

(3)为了对前人的科学成果表示尊重,同时也是为了指明引用资料出处,便于检索。

论文末列出的文献目录不仅是对科学负责,也可为读者提供进一步研究的线索。因此,列出的文献应设计科学、方法可靠、论证水平高、结论正确。文中的参考文献序号,应与文末的参考文献编号一致。尽量避免引用摘要作为参考文献,一般不要引用未公开发表的文章及私人提供的个人信息。引用的文献一定要认真阅读、校对,并加以严格确认。切忌从他人引用的文献中直接转用而自己不去亲自查阅,避免以讹传讹或是张冠李戴。如确有必要引用其他著作中所引用的材料,即转引,必须说明转引自某文献,以明确责任。参考文献书写的格式,国内外各期刊(书刊)均有明确规定,应仔细校对,切忌出错。

10. 附录

有些学术论文因正文篇幅所限,不能对艰深、繁难的公式或观点进行详细推导或说明,可以附录的形式附加在文章最后给予阐释。如有若干个问题需要详细推导或阐释,可在附录中编号并逐一列出。附录是作为报告、论文主体的补充项目,并非是必需的。

第二节　科研论文检索

一、文献检索概述

文献检索是指根据特定课题需要,运用科学的方法,采用专门的工具,从大量信息、文献中迅速、准确、相对无遗漏地获取所需信息(文献)的过程。文献检索是科研人员从事课题研究的必要过程,是科研选题的信息基础。

1. 文献

文献是人类长期从事生产和科学技术活动以及社会交往的真实记录,是具有一定历史文物价值的珍贵资料,是人类物质文明和精神文明不断发展的产物,是精神财富的重要组成部分。

2. 文献要素

文献的基本要素主要包括载体(媒介)、知识(信息)和文字(包括图像、符号等)。

3. 发展状况

现代科技的发展,无论是在规模和速度、深度和广度,还是在理论和方法上,都是过去所无法比拟的。同时,科学技术正朝着学科的相互交叉、相互渗透的趋势发展,反映到科技文献上表现出如下一些特点:文献数量大、增长速度快、文献形式多、文种多、文献资源分散、文献报道内容交叉重复等。所有这些都给检索、获取、评价和利用文献信息带来了一定的难度。

4. 重要作用

文献检索具有如下重要作用:

（1）资源开发：文献检索是人们打开知识宝库的一把金钥匙，是开发智力资源的有力工具，它能帮助人们传播知识和利用知识，使知识转化为社会物质财富或创造出更多的精神财富。因此，文献检索能够有效地促进信息检索资源的开发和利用。

（2）协助性决策：信息虽然不能确保决策正确无误，但却是决策的基础。所以，作为协助性的工具，文献检索能够有效地促进管理者做出正确的决策。

（3）继承和借鉴：文献检索具有便于继承和借鉴前人的成果，避免重复研究或走弯路的功能。通过文献检索及信息资源的有效利用，可以促进研究者在尽可能高的层面上起步，并缩短研究周期，获得预期的科学、技术以及经济效果。

（4）便捷及高效：文献检索可以大量节省查找文献的时间，尤其是文献量过分庞大及迅速增长的情况下，可以减轻搜集信息的负担。如果有完善的检索设施和周到的检索服务，则可以节省大量的人力和物力，腾出更多的精力搞研究，提高科研效率。

二、论文检索方式

科研论文检索，是指在科技文献检索中针对科研工作需要，对相关学术论文进行检索的过程。

1. 检索方式

要想获取原始信息（文献），主要有以下几种方式：

（1）书目文献数据库→图书馆馆藏目录（联合目录）→ 获取印刷原文。

（2）计算机全文数据库（校园网）→ 获取电子原文或印刷原文。

（3）网络资源与传递：电子期刊、引擎、大型文献数据库、亚洲桥、图书馆馆际互借等→获取电子或印刷原文。

2. 检索要求

对于论文检索的要求，通常情况下会包括新颖性、网络化、系统性、高效率、最新信息追踪、现刊浏览等。在课题研究的三个阶段，检索的具体要求会有所差别，如下所述：

（1）科研课题开题阶段：查找某概念的确切含义、跟踪相关研究进展。

（2）科研深入过程阶段：深入课题某一方面的相关文献、方法借鉴之查询。

（3）科研成果鉴定阶段：该研究与相关专业和领域的先进性、科学性、新颖性之比较。

3. 检索方法

论文检索的方法，主要有工具法和引文法。

（1）工具法：利用书目文献数据库、全文数据库对课题相关知识点、事实和文献进行检索。若使用网络检索引擎、事实数据库，可较大程度地提高检索效率。

（2）引文法：通过文献原文后附有的参考文献来查找相关文献。该方法一般在待查询文献被收录在经典著作或重要期刊中时使用，使用此方法可以在研究课题的前期迅速浏览相关文献，及早奠定工作基础。

在实际检索中，亦可将上述两种方法结合使用。

4. 检索途径

根据文献的特征，可以有如下两种检索途径，其步骤各不相同：

（1）外表途径

①文献名途径：相当于一般所见到的书本目录（文献目录），其价值不大。

②作者途径：作者不仅包括个人作者和团体作者，还包括专利发明者、专利权所有者等。作者索引按字母顺序编排，使用于各种类型的文献，几乎所有的检索工具都配有作者索引。从作者途径检索必须事先已知作者姓名，所以作者途径只能作为辅助途径。

③号码途径：有一些文献如专利、科技报告等每篇文献都有一个或多个号码，这些号码可编为号码索引，但检索前需要预先知道这些号码。

（2）内容途径

①主题途径：从一篇文献中找出几个相关度大的词编为主题词索引（关键词索引、叙词索引、轮排主题索引等）。通过主题途径检出的文献一般比较准确，但在全面性上较为逊色。

②分类途径：假如将数据库中的文献编一份分类目次表，而文献条目也按分类来编排，则可以从分类途径去检索。它适用于族性检索，检出的文献较全面，但切题性通常较差。

三、三大检索工具

1. 三大检索工具

国家科技部下属的"中国科学技术信息研究所"从 1987 年起，每年以国外四大检索工具 SCI、EI、ISTP、ISR 为数据源进行学术排行。考虑到 ISR（《科学评论索引》）收录的论文与 SCI 存在较多重复，我国自 1993 年起不再把 ISR 作为论文的统计源，其余的 SCI、EI、ISTP 数据库就是图书情报界常说的国外三大检索工具。

（1）《科学引文索引》SCI（Science Citation Index）

SCI 创建于 1961 年，创始人为美国科学情报研究所所长 Eugene Garfield，是美国科学情报研究所（Institute for Scientific Information，简称 ISI，网址：http://

www. isinet. com)出版的一部世界著名的期刊文献检索工具,其出版形式包括印刷版期刊和光盘版及联机数据库,现在还发行了互联网上的 Web 版数据库(即 Web of Science)。SCI 收录全世界出版的数、理、化、农、林、医、生命科学、天文、地理、环境、材料、工程技术等自然科学各学科的核心期刊约 3500 种。ISI 通过它严格的选刊标准和评估程序挑选刊源,而且每年略有增减,从而做到 SCI 收录的文献能全面覆盖全世界最重要和最有影响力的研究成果。因具备上述特点,SCI 不仅可以作为一部文献检索工具使用,而且已经成为科研评价的一种依据。一个科研机构被 SCI 收录的论文总量,反映出该机构的整体科研水平,尤其是基础研究的水平;个人的论文被 SCI 收录的数量及被引用次数,也可反映其研究能力与学术水平。此外,SCI 也是国内外学术界制定学科发展规划和进行学术排名的重要依据之一。

(2)《工程索引》EI(Engineering Index)

EI 创刊于 1884 年,由美国工程情报公司(Engineering Information co.)出版发行,主要收录工程技术领域的论文(主要为科技期刊和会议录论文),EI Compendex Web 是《工程索引》的 Internet 版本。EI 具有以下优点:覆盖范围宽,增加了 EI PageOne 部分的数据;年代跨度长,收录了自 1970 年以来的工程索引数据。EI Compendex Web 每年新增 500 000 条工程类文献,文摘来自 2600 种工程类期刊、会议论文和技术报告。20 世纪 90 年代以来,数据库又新增了 2500 种文献来源。从 EI 中各类文献所占比例来看,化工和工艺的期刊文献最多,约占 15%,计算机和数据处理占 12%,应用物理占 11%,电子和通讯占 12%,另外还有土木工程(6%)和机械工程(6%)等。大约 22% 的数据是经过标引和摘要的会议论文,90% 的文献是英文文献,数据库每周更新数据。

(3)《科学技术会议录索引》ISTP(Index to Scientific & Technical Proceedings)

ISTP 创刊于 1978 年,是美国科学情报研究所的网络数据库 Web of Science Proceedings 中两个数据库(ISTP 和 ISSHP)之一,由美国科学情报研究所编制。ISTP 专门收录世界各种重要的自然科学及技术方面的会议,包括一般性会议、座谈会、研究会、讨论会、发表会等的会议文献,涉及学科基本与 SCI 相同。ISTP 收录论文的多少与科技人员参加的重要国际学术会议多少或提交、发表论文的多少有关。我国科技人员在国外举办的国际会议上发表的论文占被收录论文总数的 64.44%。

2. 其他检索工具

除三大检索工具之外,与其相关的其他数据库还有:《社会科学引文索引》SSCI(Social Sciences Citation Index),《艺术与人文引文索引》A&HCI(Arts & Humanitiea Citation Index)。

国内也有一些重要的检索工具,如《中国科学引文索引》、《中文社会科学引文索引(CSSCI)》、《中国科技论文引文分析数据库》、《中文科技期刊引文数据库》、《中国期刊网》、《全国报刊索引》、《中国学术会议文献通报》、《专利公报》、《中国物理学文摘》。

若不具备自行检索条件,亦可利用国家指定的专业科技情报所或科技情报网站委托查询。

第三节　科研论文评价

一、论文评价概述

科研论文评价,是指根据一定的标准,对一篇科研论文所创造的学术成果、推动的科学进步、产生的实用价值以及论文本身的文笔水平等要素进行全面、客观评价的过程。具有权威性的论文评价结果,是衡量一篇科研论文水平高低、价值大小的重要依据。

(一)论文评价的必要性

本书作者认为,科研论文评价的必要性主要体现在以下三个方面。

1. 衡量学术水平

科研论文是科研成果的一种直接体现,反映了研究者(或研究集体)的学术水平、创新能力以及贡献大小。从某种意义上说,科研论文评价是衡量一个人的科研能力和学术水平的重要依据,是给予一个人科研绩效评价、激励性奖励和技术职务评聘时的重要参考。

2. 展现科研实力

对科研机构和高等学校而言,其科研整体实力与以下因素密切相关:科研成果、学术论文、专利授权、人才培养质量、学科建设水平、师资队伍建设等。其中,发表科研论文的数量和质量,特别是在国内外一级学术期刊上发表论文的数量,在一定程度上体现着该科研院所的学术水平和研究实力。

3. 遏制学术腐败

建立科学的论文评价体制,采取有力的监控措施遏制学术腐败,对于确立学术尊严,弘扬学术正气,培养健康的学术环境,维护良好的学术氛围,具有非常重要的现实意义。

(二)论文评价的内容

论文是科研成果重要的表现形式。本书根据对科研论文的基本要求,从理论科研论文和应用性科研论文的角度,将科研论文评价内容归纳为如下几个方面。

1. 理论价值

科研论文的理论价值主要指其具有的学术价值和科学意义。评价内容包括:

(1)理论创新程度:评价该理论的建立是否具有创新性,对该学科或领域发展的促进程度。

(2)理论预测功能:评价该理论是否具有预测功能,如有,预测结果与实际符合的程度。

(3)模型构建方式:评价提出的设想或理想模型是否合理,构建方式是否科学和规范。

(4)数据采集分析:评价数据样本采集是否符合统计要求,数据分析是否严谨和全面。

(5)实验操作技术:评价实验操作技术是否正确,实验误差分析是否科学、准确和全面。

(6)他人成果应用:评价对基础理论知识和他人研究成果的应用程度(包括参考文献引用)。

(7)内容的深广度:评价论文内容的深度、广度和难度,其论点是否符合自然、社会规律以及伦理约束。

2. 实用价值

科研论文的实用价值主要指其能够产生的经济价值、技术价值以及社会价值。具体评价内容包括:

(1)直接实用价值:评价论文对科学发展、技术进步、社会生产和人民生活等方面所起的直接作用的大小。这种论文短期即可见效,其价值是显而易见的、可量化的,很容易被人们所了解和接受。

(2)间接实用价值:有些科研论文的内容侧重机制探索,偏重理论研究,不能直接显示其实用价值。它对科学发展、技术进步、社会生产和人民生活等方面所起的推动作用是间接的、定性的,不容易被非专业的人们所了解和接受。

(3)潜在实用价值:一篇科研论文所提出的理论、方法和见解等研究成果,一般均具有一定程度的创新性。有时,由于这些成果的创新性过强,大大超越了当时人们普遍的认知水平,导致学术界或社会由于历史的局限,一时难以认识其真正的价值。只有经过一段历史时期的实践和考验,人们认知水平提高后,这些成果才能被公认为是科学、正确且有价值的。这种事例在科学发展史上不胜枚举,如爱因斯坦提出的相对论就是较突出的一例。此外,安培的分子环流、道尔顿的原子说、普朗克的量子理论、德布罗意的物质波等事例也有一定代表性。

3. 其他价值

科研论文除具有理论价值和实用价值之外,它的结构、表达、文体、文风等也具有一定的参考价值。要评价一篇高水平的论文,这些参考价值也是不可缺少的。

需要指出的是,对于不同类型的科研论文,其评价内容和标准有所不同。对于纯理论性的科研论文,应以理论价值为主进行评价;对于应用性科研论文,要以实用价值为主进行衡量;对于两者兼之的科研论文,则其理论价值和实用价值在评价过程中应当同时兼顾。在评价科研论文时,既不能过分强调科研论文的理论性,轻视那些解决国民经济建设急需的应用性研究论文的真实价值,同时也不能一味强调科研论文的实用性,忽略那些纯理论性研究论文所蕴涵的理论意义及潜在的应用价值。当然,既具有理论性,又具有实用价值,且两者均具有一定水平的科研论文是我们所希望的。

(三)论文评价的原则

客观而严谨的科研论文评价原则,是建立科学、实用的科研论文评价方法和体系的基础。科研论文评价的原则主要包括以下几个方面。

1. 创新性原则

创新是科研的根本特征和目标,也是科研的真正价值所在。任何科研成果,必须具有创新性,才可能具有真正意义上的学术价值。只有取得创新性的学术成果,才能帮助人类探索未知、认识客观世界,并增加有效的知识。建立科研论文评价体系,首先要突出创新性原则,把创新视为评价的最高标准,在评价指标体系上赋予更高的权重。

2. 公正性原则

公正性是建立科研论文评价体系所追求的目标,也是衡量该体系是否可行的重要标准。论文评价必须遵循实事求是的科学态度,对其包含的理论价值、社会意义和经济效益,要客观、公正地进行评价。论文评价公正性的实现,除了依赖于评价指标体系的科学性之外,还要依靠评价方法的规范性和评价过程的有效监控来保证。建立一套完整、规范、有序的评价程序,是实现论文客观、公正评价的基本条件。

3. 准定量原则

从严格意义上说,任何一篇科研论文的价值都是难以用确切的数字来测评的。科研论文的量化评价,并不是测评其社会意义或者经济价值的绝对值大小,而是在同类科研论文之间比较其相对重要性或者相对价值的大小。因此,采用模糊评价与精确量化评价相结合的方式,即定性与定量结合的原则,能够对科研论文进行准定量(非完全定量化)评价。

4. 可比性原则

科研论文是科研成果的一种表现形式,也是对科研成果进行评价的公认依据。因此,科研论文(期刊论文、学术著作、会议论文)的量化评价结果,应与发明创造、专利技术、样品样机等物化的科技成果之间具有可比性。在制定各种科研成果评价体系时,应该设置一个公共的"参照系",并且对各种科研成果的量化分值进行适当的相互协调,以保证彼此间具有一定的可比性。

二、论文评价方法

物化的科技成果,主要评价指标之一为其产生的经济效益,可以直接进行社会评价。科研论文则不同于物化的科技成果,很难用一个定量的指标描述其实用价值的大小。然而,根据科学的认识论,制定科学的论文评价原则,建立实用的论文评价方法和体系,是能够对科研论文进行较为全面而客观的评价的。现行的科研论文评价方法主要有指标评价法、期刊评价法、专家评价法、综合评价法等类型。

(一)指标评价法

1. 基本内容

指标评价法是科研管理部门依据论文的形式、内容及特征,通过建立一套可操作的评价指标体系,来判断期刊上刊载的学术论文的水平和质量的评价方法。具体操作如下:首先,研究制定一套能反映科研论文质量的客观测评指标(如刊物级别、学术反响、课题立项、获奖情况、学术交流等),对这些指标分层次确定权重并赋予分值,建立评价指标体系;然后,以此为模型,将参评论文纳入该指标体系中,分项算出分值;最后,将分值加权求和算出总分,并依照分值大小对该论文的水平和质量进行评价。

2. 评价等级

根据科研论文的理论价值、实用价值和社会意义的大小,可以设计出不同的评价等级。

(1)高级科研论文:在学科理论研究上有重大发现,创建出新的理论,影响人类历史进程;在应用研究方面有重大发明和应用,对人类的物质文明和精神文明建设有重大推动作用。

(2)次高级科研论文:在学科理论研究上有某些突破或创新;在应用研究方面有所发明或解决了国内外尚未解决的问题,对科学探索、技术创新、经济发展和社会进步有重大影响。论文的观点和方法新颖,具有普遍的指导意义。

(3)中高级科研论文:在学科理论研究上有较高的学术水平,有较大的经济价值;在应用研究方面有某些创新,对科学研究、技术改造、经济建设有较大影响。论文中有新方法和新技术,具有一定的指导意义。

(4)中级科研论文:在学科理论研究上有一定的理论水平,有一定的经济价值;在应用研究方面有所革新,有一定的经济效益。论文中的观点和方法虽然不新,但却解决了一个没有完全解决的旧问题。

(5)中低级科研论文:在学科理论研究上理论水平一般,沿用旧观点,采用旧方法,使用老技术,但解决了某个较为重要的实际问题。

(6)低级科研论文:在学科理论研究上沿用旧观点,采用旧方法,使用老技术,仅解决了某个一般性问题。

3. 评价表

科研论文评价表是根据提取的科研论文评价因素,按其重要程度设计的一种评价表格。评价者可根据评价要求,设置评价因素的分值,赋予评价等级权重,按照一定统计方法进行量化评价。

表7.1是从科研论文具有的理论价值、应用价值和其他价值角度设计的评价因素表。对该表进行适当的修改,并赋予各级测评指标一定的权重值,即可用于期刊论文或学位论文的质量评价。

表7.1 期刊论文评价因素表

评价内容			评价因素
理论价值	科学价值	重大价值	有重大创新,对多个或单个学科发展有重大推动作用。
		重要价值	有重要创新,对多个或单个学科发展有重要推动作用。
		一般价值	有一定创新,对多个或单个学科发展有一定推动作用。
		价值甚小	创新性不强或无创新,对学科发展推动无作用或不强。
	学术水平	国际先进水平	取得国际领先的新发现、新理论、新学说、新思想等。
		国内先进水平	取得国内领先的新设想、新模型、新理论、新见解等。
		一般先进水平	在前人研究的基础上提出的一般正确有益的新认识等。
		学术水平不高	在学术上参考价值不大或无参考价值。

评价内容			评价因素
实用价值	技术价值	重大价值	有重大发明创造,如新技术、新工艺、新材料、新设备等。
		重要价值	有重要技术革新,对该领域技术进步有重要的推动作用。
		一般价值	有明显技术改造,对该领域技术进步有一定的推动作用。
		价值甚小	无技术革新与改造,对该领域技术进步作用甚微或无作用。
	经济价值	重大效益	理论或方案促进生产重大改革,经济效益特别突出。
		较大价值	理论或方案促进生产较大改善,经济效益比较明显。
		一般效益	理论或方案对生产有促进作用,经济效益比较一般。
		效益甚微	理论或方案对生产促进作用小,经济效益比较微弱。
	社会意义	重大影响	对经济发展、人民生活和社会进步影响重大且社会急需。
		较大影响	对经济发展、人民生活和社会进步影响较大且社会需要。
		一般影响	对经济发展、人民生活和社会进步有一定的促进作用。
		影响甚微	对经济发展、人民生活和社会进步作用甚微或无作用。
其他价值	发表情况	重要价值	在国内外重要期刊上发表,被引用、被摘转情况好。
		一般价值	在正式期刊上发表,被引用、被摘转情况一般。
		价值甚小	内部资料或未采用任何形式发表。
	文体结构	评价优良	结构合理,内容正确;条理清晰,表达简练。
		评价一般	内容基本正确,条理性一般。
		评价较差	内容存在严重错误,主题不明,表述不清,条理性差。
	参考价值	重要价值	对相关研究工作有重要参考价值,理论、方案或技术被使用或引用。
		一般价值	对相关研究工作有一定参考价值,理论、方案或技术被提及。
		价值甚小	对相关研究工作参考价值甚小,理论、方案或技术未被提及。

4. 优缺点

(1)优点:一是在一定程度上可减少论文评价的主观性和随意性,能够克服人为因素的干扰,评价结果具有一定的客观性;二是评价较为全面,但前提是选取的评价因素覆盖面要广,代表性要强;三是可利用软件系统评价,简便宜行,可操作性强,能够提高评价工作效率。

(2)不足:一是难以确定该评价指标体系制定得是否科学,指标选取与权重设置往往具有一定的主观性;二是统计源数据库欠缺,统计数据搜集困难;三是以外在的形式评价代替了成果本身内容的评价,缺乏足够的客观性,容易对某些重要的成果给出较低的评价,或是让某些格式化的平庸之作窃居高位。

(二)期刊评价法

1. 基本内容

期刊评价法是通过对学术期刊整体水平的评价,来界定刊载在该期刊上的学术论文水平和质量的评价方法。使用该方法通常把国内学术期刊和国际学术期刊分别考虑。对于国内学术期刊,评价的关注点通常是核心期刊。这是由于核心期刊所含情报密度较大,与某一学科有关的信息较多,且水平较高,能够反映该学科的最新成果和前沿动态,受到该专业读者的特别关注,故常被人们所利用。然而,核心期刊上也可能会出现少数平庸之作甚至伪作,而一般期刊上也可能刊载少量高质量的科研论文。

2. 核心期刊

核心期刊是指刊载与某一学科方向学术或专业相关信息较多、水平较高,能够反映该学科最新成果和前沿动态,受到该专业读者特别关注的文章的那些期刊。一般而言,核心期刊的被摘率、被引率和利用率往往高于一般期刊。

核心期刊的界定有一个前提,即假设所有刊载论文的学术期刊共同构成一个系统。在该系统中,科研论文在各类期刊中的分布遵循着一定的规律,并受各学科发展的客观规律制约。在相互比较、相互竞争、相互作用的过程中,有些期刊的生命力随着时间的推移而逐步旺盛,有些则逐渐萎缩,甚至消失。在这样交互变革的过程中,通过优胜劣汰,使不同学科的文献分别高度集中于各学科的少数几种学术期刊中。这些学术期刊随着本学科的发展,吸收并集中刊登着越来越多的反映该学科的论文,形成一种系统"聚类效应",反映出科学整体性原则规律的聚类。这种聚类效应的持续产生,一方面使一类论文的数量愈积愈多,另一方面也使这类论文的水平不断提升,从而促使刊载的期刊水平和知名度也越来越高。最终,每一个学科都形成了一系列水平由低到高的专业期刊系统,而每个系统的中心亦将形成

"系统之核",这就是各个学科的"核心期刊"。所谓核心期刊,一般指人们通常所说的重点期刊。下面简述国际和国内核心期刊。

(1)国际期刊

国际公认的两种顶尖级学术期刊是美国的《科学》(Science)和英国的《自然》(Nature),能够刊登在这两种期刊上的学术论文一般都有较高的质量;SCI及其扩展版SCI-E(Science Citation Index Expanded)、EI和ISTP收录或引用的论文,以及人文社会科学被SSCI、A&HCI和ISSHP收录和引用的论文,一般被认为是具有较高学术水平和学术研究价值的文章。

(2)国内期刊

国内期刊中,满足下列条件之一的论文一般被认为具有较高的学术水平:由中国科学院文献情报中心出版的《中国科学引文数据库》(CSCD),南京大学出版的《中文社会科学引文索引》(CCSSCI),中国科学文献计量评价研究中心出版的《中国人文社会科学引文数据库》(CHSSCD)收录或引用;国务院学位办发布的《学位与研究生教育中文重要期刊目录》,教育部高校哲学社会科学名刊(首批11种)上发表的论文;全文发表在《人民日报》、《光明日报》学术版,被《新华文摘》、人大复印资料转载的学术论文;中文核心期刊,中国人文社会科学核心期刊上发表的学术论文;中国科技论文统计源期刊,中国数字化期刊群入网期刊等发表的学术论文;等等。

对于中文核心期刊来说,目前国内期刊应用较为广泛的评价依据是北京大学出版社出版的《中文核心期刊要目总览》。

3. 具体方法

期刊评价法有如下一些具体形式:核心期刊论文数量分析法、三大检索论文数量分析法、被引用次数分析法、期刊影响因子分析法、被采用情况分析法、被摘转情况分析法等。

(1)核心期刊论文数量分析法:指通过分析作者在核心刊物上发表的文章的数量,对科研人员的学术水平进行评价的方法。

(2)三大检索论文数量分析法:指通过分析作者在被SCI、EI和ISTP收录的期刊上发表的文章的数量,对科研人员的学术水平进行评价的方法。

(3)被引用次数分析法:指通过分析作者发表的论文被他人引用次数的多少,对科研人员的学术水平进行评价的方法。

(4)期刊影响因子分析法:指通过分析作者在影响因子高的期刊上发表的论文的情况,对科研人员的学术水平进行评价的方法。

(5)被采用情况分析法:指通过分析作者发表的论文被同行或有关部门采用

的情况,对科研人员的学术水平进行评价的方法。社会科学论文,尤其是实用社会科学成果是否被党政领导机关、实际工作部门采用,是衡量论文的应用价值(社会效益和经济效益)的重要方法。

(6)被摘转情况分析法:指通过分析作者发表的论文被有关刊物转录、被文摘和题录刊物收录的情况,对科研人员的学术水平进行评价的方法。社科文献摘录方式主要有全文转载式、全文摘载式、内容摘要式和文献题录式四种。它们的权重大小依次为:被全文转载或全文摘载的文献 > 被做成摘要的文献 > 被做成题录的文献。

4. 优缺点

(1)优点:一是重要核心期刊(如三大检索论文期刊等)的论文质量相对较高,审稿、用稿程序规范,可信度较高,评价相对简便;二是根据刊物级别进行论文评价具有方便快捷的特点,而且还能对影响论文评价的重要因素(影响因子、被引次数、采用情况等)进行统计分析;三是在直接评价论文质量有困难时,用期刊质量代表论文质量是可行的,但前提是期刊的质量可以得到真实的评价。

(2)不足:一是核心期刊的认定由于学科、历史等因素的影响而不完全一致,如用国外三大检索指标来反映中文期刊的水平就值得商榷;二是社会、人文、经济等学科的 SCI、EI 收录率相对于理工科较少,很难对这些学科差异巨大的研究成果进行横向对比分析;三是由于被引次数的统计有较长时间的滞后性,使得人们对"期刊的影响因子能否代表期刊的影响力"这一评价因素存在争议。

(三)专家评价法

1. 基本内容

专家评价法是一种利用相关学科或领域的专家或学者的知识和经验,按照一定的程序来评定学术论文的价值和重要性的评价方法。

2. 基本类型

专家评价法的效果和准确性主要取决于专家组的选择和评价方法的确定,通常分为定性评估法和量化评分法两类。

(1)定性评估法:指专家通过阅读一定数量的期刊后进行比较分析,根据专家自身的经验和倾向性衡量各种期刊质量优劣的评价方法。在该方法中,专家的经验和倾向性作为评估的标准,将受到水平与倾向性等主观因素的制约,因此,会带有一定的主观性和片面性,对评价结果将产生一定的影响。鉴于此,目前较少使用这种方法。

(2)量化评分法:是根据评估内容设置若干项指标,每项指标分为若干级评分标准,专家根据测评指标和评分标准对各种期刊的质量进行综合评价的方法。量化评分法相对增加了论文对比分析的客观性,能够给出比较客观的评价,但前提是专家必须本着客观、公正的立场,并且参与评价工作的专家数量应该满足统计样本的要求。

3. 优缺点

(1)优点:从理论上来说,聘请同行专家对论文进行评价法是最科学的方法。这是因为同行专家的观点代表了相应学科的权威观点,且同行专家对相关论文的学术观点、研究方法、理论价值、实验或调查数据分析等最具发言权。因此,只要专家本着客观、公正的立场,并且选聘专家的人数适当,专家的评价结果就能够较真实地反映科研论文的实际学术水平。该方法比较适用于学术论著或学位论文的评审和评价。

(2)不足:一是评审专家的主观因素会影响对指标的理解,进而影响对论文的客观评价;二是若选聘专家人数不足,会导致评价结果偏差较大;三是评价花费时间较多,且易受主客观因素(如研究领域、学术圈子、文化背景、人际关系、政治环境等)影响。因此,专家评价法并非一种足够完善的方法。

(四)综合评价法

综合评价法是以上方法中的两种或多种方法的结合,这是比较全面的科研论文评价方法。该方法的优点是综合考虑了上述多种方法的优劣,使得科研论文评价的客观性得到了进一步提高。不足之处是评价因素较多,过程比较烦琐,操作较难,工作量也较大。综合评价法是科研论文评价的发展方向,寻求科学系统、高效便捷、操作性强的科研论文综合评价法,是科研管理人员需要认真思考并着手研究解决的重要课题。

三、论文质量监控

科学工作者一旦有了研究成果,必然希望尽快公诸于世并得到学术界及社会的承认。撰写高质量的科研论文,是实现这一目标的有效途径。如何保证科研论文的质量?本书作者多年的科研经验表明:加强对研究人员的科研管理和学术教育,有效监控科研论文的产生过程,加强监督和惩戒制度的建设,是保证科研论文质量的有效途径。

本书作者认为,论文质量监控应从三个方面入手:一是论文产生的内部环境,论文质量把关主要在于课题组的监督管理;二是论文流通的外部环境,论文质量评价主要取决于有关部门监督和惩戒制度的建设以及制度的落实与实施;三是论文作者的自律,即通过多种形式的宣传和教育,使论文作者从思想意识上树立论文质量观,自觉地把追求论文质量并保证论文质量作为对科研工作和社会负责的一种行为准则。

(一)论文质量内部把关

论文质量内部把关有多种方式,以下是本书作者归纳的几种有效的方式。

1. 健全监控规程

课题研究必须按照科学的规程进行,科研论文的管理亦需严格的制度来保证。科技人才的培养是与课题研究密切相关的。没有科研课题,研究者及专业技术人员亲身参加课题研究的机会就会减少,撰写科研论文的素材就容易缺乏,科研方法的学习与实践就无法保证。

本书作者认为,由于科研论文的产生与课题研究的整体过程密切相关,因此,对科研论文质量的监控应贯穿于课题研究的整个过程之中。为此,需要建立健全与课题研究有关的选题、开题、实验、讨论、检查、评价等规程。有关的规程应包括:

(1)课题研究规程:制定课题研究过程中有关的具体要求、规范和程序。内容包括科研程序、理论分析、方案设计、实验验证、技术测评、结果讨论等。

(2)论文撰写规程:制定科研论文撰写过程中的具体要求、规范和程序。内容包括科技查新、初稿研讨、审核答复、修改定稿等。

(3)投稿送审规程:对于投往学术期刊的论文,有关审稿规程应按照该期刊的要求进行;对于学位论文,则需按照送审单位的论文评审要求操作。有关这方面的规程,在此不再赘述。

(4)课题负责人制度:应建立课题负责人对论文质量把关的相关制度。课题负责人应通过定期检查与随机抽查相结合的方法,对论文质量进行监控,并把论文质量监控与课题研究目标相结合,确保论文的质量和水平。

2. 成立审查小组

为加强论文质量监督,课题组可以成立论文审查小组。审查小组成员由课题组集体推选,由课题组负责人聘任。该小组的职责是依据课题组制定的论文管理规定,对课题组成员撰写的论文进行全面的审查,并提出改进意见和建议。论文作者按照上述意见修改后,再将论文提交给论文审查小组。若论文通过小组审查,则可投稿;若未能通过则应继续修改,直到论文审查小组通过为止。这种方式很适合在具有多个研究方向,由多位有学术造诣的子课题负责人组成的大课题组中,对科研论文的审核和质量监控。严格来说,撰写的科研论文经历审查的次数愈多,其质量和水平获得的保证就愈高。因此,该论文投稿被接收的可能性就愈大。

3. 课题组例会

课题组例会是论文质量内部把关的重要方式之一。采用该方式检查论文工作

进展,一般包括以下几项内容:

(1)会前准备:每个汇报人应在会前准备一份论文汇报提纲(最好做成 PPT 文件),该提纲需打印几份以备会上使用。

(2)会上报告:汇报人在课题组例会上汇报论文工作的进展情况,可以采取先听取个人汇报,后集中提问、讨论的方式进行;也可以采取边汇报,边提问、讨论的交互方式进行。

(3)讨论审核:个人汇报完毕,大家就有关论文内容的科学性、真实性以及研究方法与方案的可行性等进行讨论,期间要针对有关模型理论、研究方法、文章结构、数据分析等问题进行全面审核,在讨论(或争论)中提出具体意见和建议,最后,课题负责人还要进行小结。

(4)会后修改:汇报人根据会上讨论的情况,会后对论文进行修改,改正错误,弥补缺陷,逐步提高论文质量。

科研论文经历几次课题组汇报、讨论后,其差错会愈来愈少,质量会逐步提高,而论文的作者在这一过程中将受到很大的锻炼,对其以后的科研工作颇有助益。本书作者及作者的研究生在发表第一篇科研论文之前,大体都要经历十几次的论文汇报、讨论和修改过程。论文修改经历对研究者必不可少,是从事科研工作的必经阶段,也是科研方法学习与实践的必修课程。

4. 随机性检查

课题负责人对课题组的科研工作进程、质量控制起着关键作用。因此,论文作者所在课题组的负责人应承担起对该论文质量进行把关的责任。课题负责人可根据课题组成员的研究工作进展,随时对他们进行检查。检查的方式包括个别询问、小组座谈、网络监控以及实验室检查等。随机性检查的优点在于检查方式具有灵活性和时效性,课题组成员随时准备接受检查,而检查的情况反映了成员平时的工作状态,有利于了解课题组每个成员的工作情况。

就科研论文检查而言,随机性检查还包括对论文中有关实验过程、测量数据的抽查,要保证实验过程的可重复性和测量数据的真实性。`课题负责人要特别注意对课题组论文作者(尤其是年轻作者)的教育和监督,并建立有效的监控机制以加强管理。课题负责人也要身体力行,把好论文检查的各个关口。

(二)论文质量外部监控

论文质量外部监控渠道多、涉及部门广,需要全方位、立体式管理才能取得成效。本书作者认为:完善论文评价体系,加大学术惩戒力度,健全人才管理机制,这些方面的有效实施是保证论文质量外部监控必不可少的条件。

1. 创新论文评价机制

现有的论文评价方法如指标评价法、期刊评价法、专家评价法等各有所长,但都存在缺陷。尽管有不少人为之付出了诸多努力,但直到目前尚未出现令大家非常满意、一致公认并普遍实施的论文综合评价方法。因此,寻找能够科学、全面地反映科研论文质量和水平的评价方法,建立相应的评价体系,制定简便可行的操作措施,是科研管理人员应当继续努力追求的目标。

通过分析上述几种不同评价方法的特点,本书作者认为:建立以指标定量统计为主,专家定性评价为辅,管理部门综合评价的新型评价机制,是实现上述目标的一种可行途径。建立这种新型评价机制,需要注意解决以下几个方面的问题:

(1)指标选取与权重赋值:指标选取与权重赋值是建立论文评价指标体系的基础。科研管理人员应会同有关专家和专业技术人员一道,对科研论文评价的相关因素进行深入分析,筛选出与科研论文评价关联度较大的内在与外在因素,并将其作为测评指标,探讨这些指标与其科学价值、经济价值、技术价值以及社会价值的关联程度及其定量表征形式,以此确定这些指标应占的权重或者应分配的分值。需要指出的是,选取的指标应具有真实性、科学性、确定性、代表性等特点,权重分配要遵循科学、公正、客观、合理的原则,评价方案要满足先进性、系统性、可操作性、统计性的要求。否则,就难以保证按照指标评价得到的结果能够客观、真实地反映论文的质量。

(2)专家评审与操作方式:为了对科研论文做出客观、公正地评价,从组织方法上讲,专家评价可采取"背靠背"或"面对面"两种方式进行。

①"背靠背"评价:指将科研论文由组织者送交评审者,评审者与作者相互之间是保密的,评审者只知其文而不知其人。其目的是为了排除某些外来因素的干扰,使评审者能够按照评价标准对论文进行客观的评价。"背靠背"评价方法符合大多数作者与评审者的心理愿望,是比较符合社会要求的评价方式。有些刊物多采用此法对刊载的文章进行评价,有些科研院校也采用此法对学位论文进行评审。

值得一提的是,近年来一些刊物出版社采用的文章"盲评"(指送审的文章屏蔽掉与作者相关的信息)和科研院所采用的学位论文"盲审"(指送审的学位论文屏蔽掉与作者相关的信息),是这种"背靠背"评价方式的一种创新形式,对促进论文质量的有效监控具有很好的示范作用,值得提倡和推广。

②"面对面"评价:指评审者面对作者公开进行论文评价。论文事先送交评审者审议,评审者当面向作者提出问题,作者当面回答问题并陈述意见,二者之间有问有答,评议结合。这种答辩式的评价方法,可以较为充分地交流学术观点,阐述自己的意见,是比较民主的评价方式。评审者当面指出论文中的不足,据实以理,

使作者信服并接受评价结论。

本书作者认为,在科研论文评价过程中,将"背靠背"和"面对面"两种评价方式结合使用,可以避免一些问题的出现。在专家的选择上,要尽力选那些能识千里马的伯乐和站在公正立场的专家;在评价方法上,要力图最大限度地消除评价过程中人为因素的影响,保证论文的评价质量;在评价标准上,要使评审者有据可依,也使作者有据可查;在学术观点上,要提倡学术民主,鼓励百家争鸣,保护非共识的观点和意见;在学术操守上,不唯名,不唯权,不唯利,只唯真。

(3)综合统计与评价公示:将评价指标的定量统计与专家的定性评价相结合,将综合评价结果进行公示,面向社会接受监督,可以提高科研论文评价的质量和可信度。

事实上,要保证科研论文评价结果的客观公正,需要全社会各个方面的共同努力。其中,制度建设是基础,评价方法是手段,严格管理是条件,有效监控是保证。如此,科研论文的评价结论才能趋于真实,评价结果才能令人信服。

2. 加大学术惩戒力度

目前,在科研论文评价中,还存在种种不正之风。例如:不脚踏实地搞虚假评审,任人唯亲搞学术霸头,打击异己实行学阀作风,无视客观实际搞主观臆断,以偏概全下结论欠慎重,等等。这样的事件时有发生,给正常的科研工作和人才培养带来了负面影响。这些弊端对论文作者产生的伤害以及对科研工作产生的消极影响,已引起了广大科技工作者的强烈不满。对此,有关科研管理部门采取了多种措施,相关的评价管理措施正在逐步完善,媒体也加入了监控行列,有关的事件也时有报道。有鉴于此,在建立健全有关科研论文评价制度的同时,对制造学术不正之风事件的当事者,也很有必要加强惩戒力度。对于那些有直接责任的单位,亦应参照有关规定给予警示,对于造成严重后果者,应给予严肃处理。

学术惩戒只是一种管理手段,不是最终目的。要促进科研论文评价工作的顺利开展,需从以下"四个严格"入手:

(1)对科研论文评价制度要严格执行;

(2)对科研论文评价规程要严格遵循;

(3)对科研论文评价工作要严格要求;

(4)对科研论文评价结论要严格把关。

(三)论文质量自检自律

论文质量内部把关和外部监控,对作者而言都是外在的监控因素,作者本人的自检自律才是决定其论文质量和水平的关键。研究者进入课题组后,在论文自检自律方面需注意以下几个问题：

（1）要积极参加课题组的学术活动，认真学习有关论文汇报的经验；

（2）努力学习论文撰写方法，虚心请教他人论文撰写经验并加以实践；

（3）写出的论文初稿要请有关专家指导，提出意见并及时修改、补正；

（4）要在课题组例会上汇报论文进展情况，倾听大家意见并努力完善；

（5）及时进行科技查新，根据论文质量和水平选择投稿期刊或出版社。

总之，每个研究者在撰写科研论文过程中，在对待论文的质量方面要时刻保持清醒的头脑，要努力做到自律、自强，保证论文的真实性和可靠性，并且经得住时间的考验。

【思考与习题】

1. 什么是科研论文？它有哪些基本类型？

2. 简述科研成果的创新性及其表现形式。

3. 简述理论性科研论文与应用性科研论文的差异。

4. 简述期刊论文的结构及其各部分的要点。

5. 你了解自己所在专业（或领域）相关的国内外重要期刊吗？试举例说明。

6. 谈谈你在科研工作中阅读科研论文的经验和体会。

7. 你了解哪些文献检索工具？经常使用的有哪些？

8. 如何使用文献检索工具？怎样提高文献检索效率？

9. 举例说明科研论文评价的必要性和重要意义。

10. 科研论文评价包括哪些内容？其要点是什么？

11. 科研论文评价有哪些方法？各有什么优缺点？

12. 试论科研论文质量内部把关的重要性及主要措施。

13. 试论科研论文质量外部监控的必要性及主要途径。

14. 试论科研论文质量自检自律的必然性及注意事项。

15. 你是否撰写过科研论文？谈谈你对论文质量监控的意见和建议。

第八章 科研论文写作

> "撰写高质量科研论文的两高原则:一是取得高质量的科研创新成果,二是具备高水平的论文写作技能。"
>
> ——作者题记

第一节 期刊论文写作

期刊论文是科研论文的重要形式之一,也是科研人员进行学术交流和技术推广的重要途径。在学术期刊上发表论文,是科研人员实现科研成果推出最快捷、最直接、最有效的方式之一。一般而言,课题研究中的大多数科研成果是以期刊论文的形式推出的。

一、期刊论文概述

期刊论文是指发表在国内外正式出版的学术期刊上的科研论文,它的基本形式包括综述性文章、专栏性文章和报道性文章。

1. 综述性文章

综述性文章是指对某一领域的研究状况或某一专题的研究进展进行综合分析、详细阐述的综述性论文。在学术期刊的版面安排上,综述性文章一般都排在前部,它的分量较一般专栏性文章和报道性文章为重。本书作者归纳的综述性文章特点如下:

(1)对该领域研究情况总结较为全面。

(2)对最新研究成果进行分析和评述。

(3)指出存在的问题并展望发展方向。

(4)为读者提供较为翔实的参考资料。

(5)期刊论文中综述性文章篇幅最长。

研究者(特别是初学者)在科研选题阶段,阅读综述性文章是一个必要过程。从综述性文章中,读者可以迅速地了解该领域的研究历史和目前状态,从中可获取研究理论、分析方法、技术流程以及最新成果等一系列有价值、可利用的科研信息。一般而言,每个领域(或专业)都有一些经典的综述性文章,研究者应有意识地收集、阅读和利用。

2. 专栏性文章

专栏性文章是对某一问题(理论、实验)给予比较完整的论述并在学术期刊的某一专栏上刊载的论文,其内容主要为介绍创新性研究成果、理论性的突破、科学实验或技术开发中取得的新成就。本书作者归纳的专栏性文章特点如下:

(1)提出创新性理论观点和实验发现。

(2)比较完整地报道最新的研究成果。

(3)介绍研究方法和技术开发新进展。

(4)阐述新产品及新工程的最佳方案。

(5)期刊论文中专栏性文章篇幅居中。

专栏性文章是研究者在科研工作中必不可少的参考文献,也是追踪国内外科研前沿最直接的科研信息来源。由于学术期刊发表的论文绝大多数是专栏性文章,因此,对于从事科研的专业技术人员(特别是初学者)来说,经常查询与本研究领域相关的专栏性文章,从中获取最新的科研资讯,不仅是进行课题研究的必要工作,也是引导科研工作、促进课题研究的一种有效方式。

3. 报道性文章(简讯或简报)

报道性文章也称简讯或简报,是将最新研究成果(理论、实验)在学术期刊上以最快的速度刊载的学术报道。报道性文章一般篇幅较短,刊载迅速。本书作者归纳的报道性文章特点如下:

(1)快速报道理论或实验的最新发现。

(2)简明扼要地报道最新的研究成果。

(3)期刊论文中报道性文章篇幅最短。

科技快讯对科研工作具有非常重要的意义。留意最新的研究报道,及时查询报道性文章,从中可以了解最新的研究动态,获取新原理、新技术等有价值、可利用的科研信息。如此,在科研工作中,就能有效地避免重复研究或者落后于他人。

二、期刊论文特点

全世界范围内的学术期刊种类繁多,涉及的学术领域与方向均有所不同,所刊登的学术论文更是差异巨大。但是,学术期刊的发行与所涉及学术领域或方向的发展密切相关。因此,不同类型的学术期刊对来稿审查的具体要求虽然存在差别,但从宗旨上来说具有共性,这使得期刊论文从整体上来说均满足相同的要点。此外,由于期刊论文的内容一般均涉及提出或总结创新性研究成果,所以期刊论文的具体内容虽然变化多端,但在性质、结构以及写作规范等方面却具有一些相同的特点。

1. 期刊论文要点

本书作者根据自身的科研经验,对期刊论文要点归纳如下:

(1)被研究课题的性质及其领域。

(2)采用的科研方法和技术手段。

(3)课题研究得到的结果或结论。

(4)科学发现或技术发明的价值。

(5)存在问题及进一步研究设想。

2. 期刊论文特点

从期刊论文性质及作用的角度出发,本书作者将期刊论文的特点归纳如下:

(1)原始报道:以书面形式发表的最原始的研究性成果。

(2)探索创新:提出新的观点或原理,建立崭新的理论。

(3)推翻旧论:推翻(或证伪)原有的理论或实验结论。

(4)丰富发展:在原有理论或实验基础上获得新的创见。

从研究领域考虑,期刊论文包括理论性、实验性、描述性及设计性等类型。它们各自的特点如下:

(1)理论性论文:其特点是提出新观点、新概念或新模型,侧重理论证明和模拟分析。理论性论文的正文结构形式灵活,无固定格式,可将研究的对象或结果划分为若干有联系的层面或步骤,按一定逻辑关系逐层或分步对其进行分析、推导、模拟和论述。

(2)实验性论文:其特点是提出新的设计思想、新的设计方法或新的设计方案,通过设计实验以及对实验结果的观察和分析,获得新的科学发现或技术发明。实验性论文的正文结构与理论性论文不同,已形成了约定俗成的格式,基本结构包括"材料和方法"、"实验结果"和"分析讨论"三部分,侧重实验分析和说明。

(3)描述性论文:其特点是对研究对象进行描述和说明,重点阐述新发现的自然、社会等领域内的现象及变化。描述性论文的基本结构通常由"描述"和"讨论"两部分构成,侧重事物或现象的说明。如论述新发明的仪器系统,描述新发现的地质现象,阐释新发现的动物或微生物物种,等等,这样的论文均属于描述性论文之列。

(4)设计性论文:其特点是对新产品、新工程等最佳方案的设计原理、设计过程进行全面论述。设计性论文既有理论方面的,也有实验方面的,更有设计的描述说明(包括图纸),其基本结构主要包括设计说明和设计图纸两大部分。有关建筑工程方面的论文常属此类。

三、期刊论文格式

期刊论文可以为读者提供创新性的科研成果,而论文的深层次含义需要读者自行理解。具有严谨结构与合理格式的学术论文,不仅便于读者阅读,而且有助于读者进行内容理解、要点提炼等工作。在学术期刊多年的发展与筛选过程中,期刊论文在整体上已经形成了基本固定的结构,特定类型或涉及特定领域的期刊论文也已经具有了基本固定的格式。

(一)基本结构

期刊论文的基本结构一般包括三部分:论题、论证和结论。

1. 论题

论题指科研论文中提出的真实性需要证明的命题,是作者提出的某个学术问题的论述题目,也是论文中所涉及的内容和范围。对同一论题,可以从不同角度、不同侧面选择不同的论述题目。

2. 论证

论证即论述并证明,主要指引用论据来证明论题的真实性的论述过程,是由论据推出论题时所使用的推理形式。

3. 结论

结论即结束语,是对文章所下的最后判断,其主要作用在于总结全文,点明主题。结论包含着作者的观点、看法和主张。对同一论题,可以有不同的论点,并用不同的论据加以论证。

(二)特定结构

下面从论文发表形式的角度,具体介绍综述性、专栏性、报道性期刊论文的格式。

1. 综述性文章

(1)基本类型

有整理型综述、研究型综述等类型。前者综述的内容完全是别人的研究成果;后者综述的内容既有别人的研究成果,也包括作者自己的研究成果(包括最新成果)。

(2)基本格式

主要包括前言、综述以往研究成果、评述最新研究成果、总结与展望、参考文献。

2. 专栏性文章

(1)基本类型

有理论性文章、实验性文章等类型。前者指提出新的理论或新的计算方法的科研论文;后者指设计的新实验、设计的新方案以及技术发明或创新。

(2)基本格式

①理论性文章

主要包括前言、理论的提出、理论的验证、理论的应用、结论。

②实验性文章

主要包括前言、实验方法、实验结果、实验分析、结论。

3. 报道性文章

(1)基本类型

有简讯、简报、快讯等类型。

(2)基本格式

主要包括前言、研究领域概况、新成果的描述、分析及解释、阐释科学意义、结论。

四、撰写"两高原则"

撰写并发表高水平、高质量的科研论文,不仅对相关科研领域的发展具有重要的推动作用,也是研究者工作能力强、学术水平高的体现。本书作者根据多年的科研工作和论文写作经验,总结并提出撰写高质量科研论文的"两高原则"。

1. 必须取得高质量的科研成果

研究者在科研工作中取得的高质量科研创新成果(理论、实验、调查等),是撰写高质量科研论文的事实基础,这是第一"高"。没有创新性的研究成果,就失去了撰写科研论文的基础,高质量科研论文的写作也就无从谈起。

2. 必须具备高水平的写作技能

具备高水平的论文写作技能,是撰写高质量科研论文的必要条件,这是第二"高"。没有高超的论文写作技巧,就无法确切地表达科研成果的创新性和科学价值,就难以使读者充分地认识和理解研究工作的重要意义。尤其是向国际学术期刊投稿时,若不具备写作技能,不能很好地使用国际语言(如英语),就不可能在国际重点学术期刊上发表论文。

高质量的科研成果是撰写科研论文的基础,是发表高水平科研论文的内因;高水平的论文写作技能是撰写科研论文的条件,是发表高水平科研论文的外因。只有具备"两高",才能实现上述目标。因此,"两高"缺一不可。

此外,撰写科研论文还应从以下三个方面统筹把握:

(1)文字表述:语言简洁、准确、通顺、完整。

(2)谋篇布局:思路清晰,条理清楚,层次分明,论述严谨。

(3)细节规范:名词术语、数字、符号的使用,图表的设计、计量单位的使用,参考文献的引录等,都要符合科研论文的规范化要求。

第二节　学术著作写作

学术著作也是科研论文的重要形式之一。出版学术著作,是科研人员研究成果的集中体现,是关于某个课题或论题的观点、理论、实验或调查的系统性研究成果,是评价科研质量、体现学术水平最重要的衡量尺度。一般而言,研究者经过较长时间的科研成果积累,就有可能总结、提炼并撰写出比较有分量的学术著作。

一、学术著作概述

学术著作是指对某一专题或某一论题具有独到学术观点的著作,它有学术论著(独著、合著、编著等)、学位论文(学士、硕士和博士论文)之分。

1. 学术论著

学术论著具有论点深刻、论证严谨、阐述全面、学术性强、完成周期长等特点,是体现作者在该领域科研成果的高级形式。学术论著一般为作者多年研究成果的积累或者是已发表的科研论文的集成,一般有独著、合著、编著、主编、编写等类型。

例如,开普勒在1609年出版了《新天文学》,在1620年出版了《宇宙的和谐》,提出了行星运动三定律,丰富并发展了哥白尼体系,促进了天体力学的巨大进步。笛卡尔在1637年出版了《方法论》,在1644年出版了《哲学原理》,激烈地批判了经院哲学烦琐僵化的教条主义方法,提出了唯理论的演绎法,并以数学为基础,发展了古希腊的演绎法,有力地促进了近代科研方法的发展。牛顿在1687年出版了巨著《自然哲学之数学原理》,完成了经典力学体系;在1704年出版了《光学》,提出了光的微粒学说;等等。

2. 学位论文

学位论文是为了申请相应的学位或某种学术职称资格而撰写的研究论文。学位论文具有如下一些特点:

(1)选题源于科研项目。

(2)具有一定的独创性(创新性)。

(3)取得有一定显示度的科研成果。

（4）写作必须符合学位论文规范。

（5）已经发表或完成了一定数量和水平的期刊文章。

学位论文是考核及评审的必备文件，有关机构会根据评审专家对该论文的评审情况，从中了解、考评作者从事科研工作取得的成果和独立从事科研工作的能力，决定是否授予其相应的学位（学士、硕士或博士）或相应的职称（讲师、副教授或教授、工程师或高级工程师）。学位论文一般应是系列论文集的综合，主要反映作者在该研究领域具有的学识与研究水平，其篇幅亦应达到规定的要求。

二、学术著作格式

学术论著作为单独的出版物，应遵守一般出版物的格式。同时，由于学术著作的宗旨在于阐述作者的研究成果与观点，因此还具有某些特定的格式。此外，某些出版单位对学术著作的格式也有相应的具体要求。

（一）学术论著格式

1. 书名

书名又称标题或题目，是论著内容的概括和向读者说明的研究问题。书名有多种形式，可以明确点题，也可以只指出研究问题的范围，或是以问题的方式表述。一个好的书名应该能够准确概括论著内容，并且简练新颖，范围明确，便于分类。

2. 作者

作者是论著的撰写者，也是论著知识产权的拥有者。根据作者的贡献及人数，论著可分为独著、合著、编著等。作者在论著上署名，一是表明撰写文责自负，二是记录劳动成果，三是联系及文献检索。注明作者所在单位，一是表明成果的归属单位，二是便于读者与作者联系。

3. 摘要

摘要又称内容简介或内容提要，是论著主要研究内容与结构的简要介绍，篇幅一般从数百字到数千字不等。摘要的作用在于使读者了解全文的主要内容、方法和结论，从而引导读者有目标、有选择地进行阅读。

4. 前言

前言又称作者的话，写在正文之前，用于说明写作的目的、问题的提出、研究的意义等。此外，还可以增加有关课题研究的历史回顾、背景材料、文献综述、问题分析、基本理论、调查原则、科研方法等方面的内容。

5. 目次

目次又称目录或纲目，相当于书的"眼睛"。论著中给出二级或三级目次均可。目次的表示方式有：文字式（如第一章、第三节等）、数字式（如第1章、第3节等)、符号式(§1、§1.3)等。

6. **序言**

序言又称引言或导言,分为自序、他序和代序。序言应说明论著的撰写背景、研究价值、结构特色以及论著意义等。

7. **正文**

正文是论著的核心内容,是一部书的主体,由若干个部分组成。正文部分必须对研究内容进行全面的阐述和论证。学术论著的论述方法主要有两种类型:逻辑证明和实践证明。

(1)逻辑证明:即用一个或几个真实判断来论证、确定另一个判断的真实性。逻辑证明由论题、论据和论证三个部分组成。论题是需要加以证明的问题,论据是用来证明论题的一些判断,论证是论题与论据之间的逻辑关系的证明方式。

(2)实践证明:即用作为实践结果的客观事实来检验、证实某种理论、设计的可行与可靠程度,包括采用实验、测量、调查、统计等科研方法进行的论证。某理论未通过一种实践过程的检验,有可能是由于该检验手段或过程存在某种缺陷,并不能证明此理论完全错误。

正文的撰写必须建立在掌握充足而可靠的研究材料的基础之上,作者须对材料进行分析、判断、综合、整理,经过概括、判断、推理的逻辑组织和逻辑证明,最后得出独立性的观点和有价值的结论。

(3)结论与讨论:结论和讨论是正文的重要组成部分,是对研究结果的概括和验证。

①结论:结论是经反复研究、缜密分析和严密推理后形成的总体论点。结论需明确说明结果是否支持假设,问题是否彻底(或部分)解决,应指出尚需解决的问题。

②讨论:讨论是对研究结果的理论价值、实践意义和应用前景等进行分析和评论。并且,将研究结果与国内外有关的研究相比较,从而对所研究的课题质量和水平做恰当的判断。同时,讨论也需要指出结果的局限性以及进一步提高的设想等。

8. **参考文献**

参考文献部分包括参考的文章、书目等,附在论著的末尾。有的论著为节省篇幅或因引用文献较多,则只列出主要的参考文献。

9. **后记**

后记一般为有关论著形成过程的必要说明。有些作者也把撰写论著过程中发生的、认为值得记录的事件要点、感悟体会等,作为后记的内容加以注释或者进行点评。后记篇幅不宜过长。

10. 附录

附录是补充正文未展开而且必要的一些说明,如相关研究结论的内容介绍、重要公式的推导过程等。

11. 索引

索引是用于索引正文内容的关键词集合,一般有中文和英文索引之分。对于科技论著,英文索引常以大写字母或缩略语的形式出现。

(二)学位论文格式

1. 学位论文类型

学位论文是高等院校和科研机构的毕业生为申请授予相应学位而撰写的论文,可备相关机构的考核和评审。学位论文分为学士、硕士、博士三个等级。

(1)学士论文:学士论文是本科生为取得学士学位而撰写的毕业论文。合格的毕业论文能够反映出作者准确掌握了大学阶段所学的专业基础知识,学习并掌握了综合运用所学知识从事科研工作的科研方法,能够完成带有一定研究性质的题目(课题),以及在科研、治学等方面具有了一定的能力。本科论文题目的范围不宜过宽,一般可选择本学科某一重要问题的某个侧面或某个难点加以论述,选择题目应避免过小、过旧和过长。对此,本书作者的建议是:有限目标,力所能及。

(2)硕士论文:硕士论文是硕士研究生为取得硕士学位而撰写的学位论文,该论文的质量和水平集中反映了作者在攻读硕士学位期间的学习情况、科研能力和研究成果。合格的硕士论文反映出作者较为系统地掌握了本专业的基础知识,具有良好的科研能力,对所研究的课题(论题)拥有新发现和新见解。论文内容不仅应当条理清晰,层次分明,符合写作规范,而且必须具有一定的深度,以保证论文具有较好的科学价值或应用价值,对提高本专业的学术水平或技术改造具有积极的推广作用。

(3)博士论文:博士论文是博士研究生为取得博士学位而撰写的学位论文,该论文的质量和水平集中反映了作者在攻读博士学位期间的研究情况、科研能力和研究成果。合格的博士论文反映出作者系统而深入地掌握了本学科有关领域的理论知识、科研方法及实验技能,具有独立从事科研工作的能力;在导师的指导下,能够根据自己的科研基础,结合课题组的科研条件进行选题;研究工作较为系统,有相当的深度,并取得了一定的创新性研究成果。论文应当具有较高的学术价值,对本学科的发展具有重要的推动作用。

2. 学位论文格式

学位论文一般具有固定的格式,但某些细节(如排版格式、字体与字号等)会根据不同学校的具体要求而有所差别。下面以博士论文为例,具体说明学位论文的一般格式。

(1)论文题目:要求准确、简练、醒目、新颖,字数一般在 20 字以内。英文题目要与中文题目相对应,词汇、语法使用要准确。

(2)作者与导师:论文作者及导师署名。有的论文安排两位指导教师,应按照第一、第二指导教师顺序排列。

(3)目录:目录是论文主要段落顺序的简表,一般要求给出三级目录内容。

(4)论文摘要:是文章主要内容的摘录,要求短小、精炼、完整。字数少可几十字,多不超过几百字为宜(特殊情况可适当增加),且要求中、英文对照给出。

(5)关键词:也称主题词,一般要求中、英文对照给出。关键词应从其题名、层次标题和正文中选取,一般为能够表达论文主题概念与中心内容的、具有实质意义的词汇。关键词是论文的文献检索标识,一般为 3~8 个,特殊情况下可适当增加。

(6)论文正文:一般包括引言和正文两大部分。

①引言:引言又称前言、序言、导言或绪论,要求短小精悍、紧扣主题。引言要说明工作背景(目的),通过文献综述对比国内外同类工作现状,肯定成绩,指出不足,引出研究课题。

②正文:正文是论文的主体,应包括论点、论据、论证过程和结论。要求主题明确,层次分明,条理清晰,内容充实;论据充分可靠,论证严谨有力,分析系统严密,有独立的观点和见解,有创新性研究成果。

主体部分包括以下内容:

(a)提出问题:论点及理论依据。

(b)分析问题:给出论据和论证。

(c)解决问题:论证方法与步骤。

(d)结论:给出研究结果或结论。

(7)参考文献:在研究和写作中可作为参考或引证的科技资料,须按照《GB7714—87 文后参考文献著录规则》中所提出的要求进行标注。参考文献可每章单列,亦可全部列于正文末尾。一般要求为:

①所列参考文献应是正式出版物,以便读者查询、引用、考证。

②所列参考文献须标明序号、文章(或著作)的标题、作者、出版物等信息。

(8)附录:对正文中的理论、实验、调查、案例等进行补充说明。

(9)致谢:向对论文工作有帮助和支持的人和单位表示感谢。

(10)取得成果:攻读学位期间发表(含接收)的科研论文,获得的专利,以及参加的学术会议和参加的科研课题等。

三、学术著作写作

学术著作是学术研究成果的积累,也是科研论文的高级形式。学术著作一般篇幅较大、内容丰富,并且通常需要出版单行本,而非与其他论文出版合集。因此,学术著作的写作方法与期刊论文有很大的不同。其中,学术论著的写作方法与学位论文有一定的相通之处,但也有其相应的特点。学术著作的篇幅远大于期刊论文,有时是若干篇已发表的期刊论文的有机集成。一般情况下,学术论著的篇幅与撰写周期要大于(或至少是相当于)学位论文篇幅与撰写周期,但二者各阶段性的成果必须为其中心论点服务。

(一)论著撰写方法

下面从论著撰写准备、撰写过程及撰写要求三个方面,具体介绍一些论著的写作方法。

1. 论著撰写准备

撰写论著需要预先准备,以下是几项相关事宜:

(1)撰写时机:本书作者认为,撰写论著的时机应考虑以下几个方面:

①是否已经选定研究课题(题目)。

②已经占有的研究资料是否充分。

③写作硬件及软件条件是否完备。

④是否有预约论著的出版社支持。

⑤身体状况是否允许长时间写作。

选择撰写时机要点:一是课题研究的创新点能够确认,二是研究资料比较充分。

(2)准备工作:本书作者认为,论著撰写之前需准备的工作有以下几个方面:

①研究资料的进一步收寻、考证。

②对资料进行梳理、分类、归档。

③设计研究方案并进行任务分解。

④探索出规律并以图表形式表征。

⑤开列论著提纲并细化三级目录。

(3)注意事项:本书作者根据自身撰写论著经验,提出以下注意事项供读者参考:

①研究课题一旦选定不轻易改变。

②注意剔除研究资料中虚假成分。

③写作计划和进度需要量力而行。

④章节安排与内容布局先易后难。

⑤根据写作需要调整章节的内容。

2. 论著撰写过程

论著撰写过程一般包括以下几个步骤：

（1）确定研究目标：科学性、政策性、应用性等。

（2）选定研究题目：理论探索、实验测量、技术开发、工程应用、社会调查、成果分析等。

（3）梳理主要论点：包括论文主旨、研究方法等。研究方法又分非实验性方法（法规制度分析、文件分析及内容分析法等）、准实验性方法（实地观察、抽样调查等）、实验性方法等。

（4）收集写作资料：收集文章、文件、图片、音像、笔记、报告等资料，为写作做好准备。

（5）拟定撰写纲目：研读文献数据，制作写作笔记，设计撰写纲目，确定撰写策略。

（6）撰写论著初稿：依据撰写纲目设计论著结构，按照写作计划撰写章节内容。

（7）修改论著初稿：初稿修改有两种方式，一是分章修改，即各章独立修改；二是全文修改，即修改时照顾到全书内容的统一。二者各有利弊，结合使用为佳。

（8）定稿预备出版：初稿经作者多次修改、修正、补充后，形成修改稿送交出版社审阅。编审对修改稿进行审阅，通过后定稿预备出版。

3. 论著撰写要求

根据本书作者的经验，下面就论著的主要部分简述一些撰写的具体要求。

（1）书名写作：书名是以最恰当、最简明的词语反映论著中最重要的特定内容的逻辑组合。因此，从写作的角度考虑，书名要简短精炼，醒目易懂；外延和内涵要恰如其分，准确得体。

①简短精炼：书名的用词需精选，应尽可能简洁，一般为中文 30 字、英文 15 单词之内。最好仅为一行字，非特殊情况，一般不要超过二行。若简短书名不足以显示论著内容或反映出属于系列研究的性质，可利用添加副标题的方法加以解决。

②醒目易懂：书名所用的词句及其所表现的内容是否醒目，在一定程度上决定了该论著能否被读者关注、认可或接受。书名的字句切忌生冷、晦涩，应尽量使读者容易理解。

③恰如其分：书名的"外延"和"内涵"属于形式逻辑中的概念。外延是指一个概念所反映的每一个对象，而内涵则是指对每一个概念对象特有属性的反映。命题时，若不考虑逻辑上有关外延和内涵的恰当运用，则有可能出现内容上的不恰

当,甚至是谬误。

④准确得体:书名要能够充分反映研究工作的创新点和学术特点,准确表达论著内容,恰当反映所研究的范围和深度。书名写作中常出现的问题是:书名过于笼统,名不扣文。作者在推敲书名时,论著内容与书名要互相匹配,既要"名扣文",也要"文扣名"。

(2)作者署名:作者应是对论著或至少对其中一部分内容负责写作的人员。仅仅对论著加以讨论或对内容做技术性修改的人员,最好不列为该论著作者,可在序言中加以致谢。署名应按对论著贡献的大小排序,切忌论资排辈、搭车挂名。

(3)摘要写作:摘要是对论著内容的简要陈述,提示论著的主要观点、见解、论据。摘要应充分反映研究工作的创新点、特点和意义。摘要应包含以下内容:

①从事该项研究的目的和重要性。

②研究的主要内容及完成的工作。

③重要现象及重要实验数据获得。

④独到的见解与创新性研究成果。

⑤结论或结果的科学价值及意义。

论著摘要不列举例证,不阐述研究过程,不列图表及结构图,亦不作自我评价。有些为了国际交流,还附加外文(多用英文)摘要。

(4)前言写作:前言篇幅尚无统一的规定,需视作者及论著内容的需要而确定,长者数千,短者数百。前言应包含以下内容:

①研究工作的意义。

②前人完成的工作。

③研究的历史沿革。

④本项研究的目标。

⑤论著的结构特点。

⑥致谢写作支持者。

(5)正文写作:正文占据论著的最大篇幅,需按既定的目次进行写作。章节的划分和段落的取舍,应视论著性质与内容而定。正文写作通常采用以下三种结构:

①直线推论:即由论著的中心论点出发,逐层深入展开论述的方式。直线推论一般表现为由一个点(方面)向另一个点(方面)的逻辑推演,其过程呈现出直线式的逻辑推进和深入。

②并列分论:即把从属于基本论题的若干个下位论点先并列起来,进而分别论述的方式。并列分论的着眼点较多,出击面较宽,需要作者加以统筹并充分把握。

③综合形式:即直线推论中包含并列分论,并列分论下又有直线推论,形成一

种复杂的立体结构形式。论著正文部分通常采用这种综合方式进行写作。

正文写作应在以下几个方面严格加以要求：

①理论部分：要系统地论述研究工作的理论依据，包括模型构建、设计方法、逻辑推理、分析工具、理论推导、模型验证等；必要时，应给出模拟分析图表、曲线以及理论分析结果(或结论)等内容，并指出该理论的局限性，以便有针对性地指导相应的实践(或实验)。

②实践部分：要全面地介绍实验装置(包括型号规格、生产厂家、出厂日期、性能指标等)、实验操作(包括材料选取、参数设置、器件设计、制作方法、工艺技术、操作过程、测量数据等)、调查过程(包括样本选取、调查地点、统计分析等)等内容，并注明实验过程中应注意的安全事项(包括实验样品的毒性、腐蚀性及放射性等)。阐述的详细程度，应该保证同行足以根据该部分内容重复有关的实验和研究过程。

③数据处理：要阐明数据分析的方法、精度、误差及有效数字等。根据论证需要，可绘制必要的图表、曲线，对数据统计分析结果进行验证与确认。进行数据处理时，要注意选取有代表性的数据，剔除虚假信息，严禁修改数据。作者须保证所给出测量(或调查)数据的真实性、可靠性、有效性和一致性。

④科研方法：应具体地介绍研究中使用的科研方法，包括理论分析方法、实验测量方法、数据统计方法、判断推理方法以及论著写作方法等，为读者提供一些有参考价值的实用科研方法，促进其科研能力和写作技能的提高。

⑤结论部分：结论部分对研究中所取得的主要成果进行总结，应尽量用图表和数据说话。要尽可能把感性认识上升为理性认识，并在此基础上展望下一步工作或阐明该论著对本领域发展的意义。应该指出的是：在结论部分，"最优"、"首次"、"率先"、"领先"等极端性的词汇要慎重使用，一旦提及，必须给读者以可信服的证明。同时，要使用严格的科学术语，不应使用未经定义、似是而非的词语。

(二) 学位论文撰写

下面从论文准备、修改及校对等方面，具体介绍一些学位论文的写作方法。

1. 尽早收集论文相关资料，并着手进行方案设计

学位论文反映了学位申请者在专业知识、科研方法与技能、独立从事科学研究的能力等诸多方面的综合水平，因此，必须予以特别重视，应尽自己的努力保证其能够出色地完成并通过专家的评审。为此，应尽早收集相关资料，构建理论模型，提出实验方案设计，并着手进行实验验证。要把学位论文的各项准备工作做在论文撰写之前，以争取充分的修改与完善时间。

2. 答辩之前争取发表若干篇与学位论文相关文章

高质量的学位论文（硕士论文或博士论文）一般应以若干篇已发表的期刊论文为基础而完成。因此，学位论文完成之前，即答辩之前，应努力工作，争取发表若干篇与学位论文相关的文章，这对于提升学位论文的水平是非常重要的。在专家评审学位论文的意见中，攻读学位期间是否发表过高水平期刊论文以及发表的篇数，是评价学位论文质量高低的重要指标。

3. 根据发表的文章和研究进展开列学位论文纲目

有了若干篇已发表的文章，则可以之为基础并结合研究工作的进展，开列学位论文纲目。待论文纲目送交导师审阅、修改后，再将各个章节细化。依据纲要，即可将已有的文章相关内容按章节分别添进既定位置。以这样的方式撰写学位论文，即论文纲目与已经发表的文章相结合，可以加快撰写速度，提高写作质量。

4. 既定章节尽早结束，待定部分按计划分步完成

当学位论文章节确定时，一种有效的撰写策略是：重点完善由已发表文章支撑的章节（本书作者称之为"既定章节"），并努力使之尽早结束；对尚无已发表文章支撑的章节（本书作者称之为"待定部分"），需按计划分步完成。要充分利用计算机存储、处理信息的强大功能，将已有的内容尽早录入计算机备存。同时，需注意备份已完成的章节，尽量多存留几个文件版本，以免出现因计算机故障丢失文件而造成的严重损失。

5. 论文内容需多次校对，应避免重大错误的出现

学位论文初稿完成后，首先需送交导师审阅；然后，根据导师的审阅意见对初稿进行认真修改、更正和补充；进而，邀请课题组其他老师及学长（师兄、师姐等）提出意见及建议，使之进一步完善；最后，对全文进行校对，完成论文。期间，要尽量多请有经验者阅览、校对，以避免重大错误的出现。经验表明：校对学位论文的工作不仅非常重要，亦很有必要。如能认真对待，则许多差错可以及早纠正。常见的差错有：数字位数不够，公式字符混淆，变量单位出错。除此之外，还包括键入的字同音不同义，因打字习惯而误添加的字词，公式符号的大小写，符号的张冠李戴，图形与图示说明不匹配，丢字与错字，等等。总之，愈认真仔细，出差错的几率就越小。论文校对的基本要求就是要保证无大错，即无科学错误！

第三节　论文著作示例

一、期刊论文示例

下面以本书作者发表在 2004 年《物理学进展》第 24 卷第 4 期上的一篇综述文章为例,具体阐述论文写作方面的一些规范和要求。

1. 题目
光纤光栅传感器的理论、设计及应用的最新进展。

2. 摘要
从单参数、多参数及分布式传感的角度,分析了各种光纤光栅传感器的理论及技术发展,详细阐述了光纤光栅敏化与封装技术,论述了光纤光栅传感器的设计方法和实现技术,介绍和评述了光纤光栅传感器及其传感网络系统应用的最新进展。

3. 关键词
光电子学与激光技术,光纤传感器,评论,光纤光栅,敏化与封装,光纤光栅传感网络。

4. 中图分类号
TN253;TN929。

5. 文献标识码
A。

6. 引论
简述传输传感器在当代科技领域及实际应用中的地位和作用,重点强调光纤光栅作为新一代光无源器件,在光纤通信和光纤传感等相关领域发挥着愈来愈重要的作用,以光纤光栅为传感基元研制的新型传感器的特性及优势。当前,光纤光栅传感器的研究主要集中在以下几个方面:

(1)光纤光栅传感模型及其理论研究。

(2)光纤光栅的敏化与封装技术研究。

(3)光纤光栅传感器设计及技术研究。

(4)信号解调及其传感网络系统研究。

7. 正文
主要纲目如下:

(1)光纤光栅传感器理论的最新进展:

①光纤光栅传感系统物理模型。

②双重光纤光栅传感理论。

③光纤光栅交叉敏感关联理论。

④光纤光栅传感解调关联理论。

⑤光纤光栅准分布式多点传感理论。

(2)光纤光栅敏化与封装技术的最新进展：

①光纤光栅敏化与封装原理。

②光纤光栅敏化与封装技术。

(3)光纤光栅传感器设计及技术的最新进展：

①新型光纤光栅单参数传感器。

②新型光纤光栅双参数传感器。

③新型光纤光栅三参数传感器。

(4)光纤光栅信号解调及网络系统的最新进展：

①光纤光栅信号解调系统。

②光纤光栅准分布式传感器与传感网络系统。

(5)结论。

(6) 参考文献(90 篇)。

二、学术论著示例

下面以本书作者之一张伟刚编著的《光纤光学原理及应用》(2008 年 4 月出版)为例,具体阐述学术论著写作方面的一些规范和要求。

1. 书名

光纤光学原理及应用。

2. 内容简介

本书以经典电磁场理论和近代光学为基础,系统论述了光纤光学的基本原理、传输特性、设计方法、实现技术以及主要应用。具体内容包括:光纤光学的基本概念、重要参数、光学及物化特性;光波在均匀光纤和渐变光纤中传输的光线理论和波动理论;单模光纤的性质及分析方法;典型的光纤无源和有源器件分析与设计;光纤技术在通信和传感领域的应用;典型的特种光纤及其应用;光纤光栅基础知识、基本理论以及典型应用;光纤特征参数测量方法及应用;光纤非线性效应理论及其典型应用等。

本书理论应用并重,体系有所创新,内容系统全面,吸纳最新成果(包括作者本人及合作者的科研成果),各章附小结、思考与习题,可作为高等学校光电子、激光、光学仪器、物理学、信息与通信技术等专业的研究生和本科生教材,也可作为从事光纤通信和光纤传感技术的工程技术人员和其他相关专业人员的参考书。

3. 前言

主要内容包括："光纤光学"名称来源及学科发展简述,本书侧重要点,本书结构及章节内容,教学运用对象,以及对本书有帮助的师长、友人加以致谢等(具体内容从略)。

4. 目录

一般需给出三级目录,在此从略。

5. 参考文献(30 篇)

6. 英文缩略语(略)

三、学位论文示例

下面以本书作者之一张伟刚的博士学位论文为例,具体阐述博士论文写作方面的一些规范和要求。

1. 题目

纤栅式传感系列器件的设计及应用研究。

2. 摘要

传感器在当代科技领域及实际应用中占有十分重要的地位,各种类型的传感器件早已广泛地应用于各个学科领域。光纤光栅是近几年发展最为迅速且令人瞩目的光无源器件之一,以光纤光栅为传感基元设计、开发的纤栅式传感器,通过复用技术(WDM、TDM、SDM 等)可以构成传感阵列及准分布多点传感网络系统,与复合材料结合可使智能结构/蒙皮的实现成为可能。此类传感器在工农业、科技教育、国防建设、空间探测、环境监控、医疗检测等诸多领域有着广阔的应用前景。开发质量优良、耐用持久、稳定性强、多参数监测、功能集成的纤栅式传感系列器件,最终实现模块化、产业化、规模化生产,是纤栅式传感器研发的方向。因此,在纤栅式传感领域探索新方法、开发新技术、研制新器件乃是一项经济价值与社会意义兼备的重大课题。

本文主要以光纤布喇格光栅为传感基元,利用其波长编码与温敏、力敏等优良特性,采用特殊材料和特殊工艺对其封装,巧妙设计传感机构,对纤栅式传感系列器件进行了多方面富有特色的实验和理论研究,设计并实现了多种新型纤栅式单参数、双参数及多点传感器。

论文要点如下:

(1)根据光纤光栅的温敏与力敏特性,采用巧妙的机构设计与封装,设计并实现了多种纤栅式传感系列器件及波长调谐机构。

（2）提出了纤栅式传感解调系统的反射式与透射式物理模型,构建了模型结构,定义信号关联函数,初步建立了纤栅式传感解调的关联理论。

（3）比较系统地研究了光纤布喇格光栅波长调谐的理论,给出了纯弯梁(简支梁、悬臂梁)与扭梁波长调谐的基本关系式。其中,对基于扭梁的波长调谐技术进行了较为系统地研究,设计并实现了多种新型纤栅式扭梁调谐机构及传感器件。

（4）比较系统地研究了纤栅式温度补偿传感原理,给出了温度主动补偿与被动补偿的一般数学表达式,研究了其技术实现方式。

（5）比较系统地研究了纤栅式单参数、双参数及准分布多点传感原理,给出了相应的一般数学表达式。分析、比较了多点传感与准分布式传感之间的异同点与相互关系。

（6）采用线型阵列,合作设计并实现了单路五点波分复用温度传感、单路五点波分复用位移传感及双路十点波分／空分复用温度与位移传感实验系统,详细分析并阐述了有关的设计思想与实现过程。

（7）根据空间周期分布及折射率调制深度分布特点,提出了光纤光栅新式分类方法。对五类典型的光纤光栅(均匀、啁啾、Tapered、Moiré 和 Blazed 光纤光栅)进行了数值模拟,对比分析了各自的折射率分布及光谱特性。

（8）引入关联概念,采用耦合模理论比较详细地研究了光纤布喇格光栅的温度与应变交叉敏感问题。定义关联因子与强度系数,定量分析了光纤布喇格光栅在不同温度区与应变区中温度与应变交叉敏感的程度。

（9）根据科学研究的一般规律并结合传感器的特点,构建了纤栅式传感器研究的一般程序。具体分析了纤栅式传感器研究的一些方法及其特点,阐述了科学研究方法在科学研究活动中的重要作用。

（10）基于等强度梁力学性质并结合光纤光栅的力敏特性,提出并合作建立了一种获得杨氏模量的直接而有效的方法。

英文摘要(略)。

3. 关键词

光纤光栅,纤栅式传感,器件设计,应用研究,科研方法。

4. 创新点

（1）纤栅式传感系列器件的研究、设计与实现

（2）纤栅式双参数传感装置的研究、设计与实现

（3）纤栅式传感器温度补偿研究

（4）基于弹性梁的光纤光栅波长调谐原理与技术研究

（5）光纤布喇格光栅波长与带宽独立调谐技术研究

（6）纤栅式传感解调关联理论研究

5. 课题来源

论文课题源于国家自然科学基金［69637050、60077012、69977006］、国家博士点基金、国家 863 计划项目［863 – 307 – 15 – 5（11）］、天津市科技攻关项目［003104011］、天津市自然科学基金［013800511］、天津市科委［013601811］等项目。

6. 主要内容

论文主要内容以光纤布喇格光栅为研究对象，对光纤光栅的基本特性、传感器件设计与制作以及应用等进行了多方面富有特色的实验和理论研究。以继承创新并举为原则，以研发实用器件为目的，具体旨在以光纤光栅为传感基元，利用其波长编码与温敏、力敏等优良特性，采用特殊材料和特殊工艺进行封装，巧妙设计传感机构，使其对应力、位移、扭转（扭角、扭矩、扭力）、振动、浓度等物理参量敏感、对温度增敏或减敏，研制新型纤栅式传感系列器件，为开发质量优良、耐用持久、稳定性强、多参数监测、功能集成的纤栅式传感器提供新颖、可行的研发方法和实用技术。论文共分七章：第一章"引论"，第二章"光纤光栅传感理论"，第三章"纤栅式单参数传感器件设计"，第四章"纤栅式双参数传感器件设计"，第五章"光纤光栅波长调谐原理与技术"，第六章"纤栅式准分布多点传感研究"，第七章"光纤型传感器研究"（详细内容从略）。

7. 总结与展望

本文以"纤栅式传感系列器件的设计及技术研究"为题，以继承创新并举为原则，以研发实用器件为目的，具体旨在以光纤布喇格光栅为传感基元，根据纤栅式单参数、双参数传感及准分布多点传感原理，利用其波长编码与温敏、力敏等优良特性，采用特殊材料和特殊工艺进行封装，巧妙设计传感机构，使其对应力、扭转（扭角、扭力、扭矩）、振动、浓度等物理参量敏感、对温度增敏或减敏，对纤栅式传感器进行了多方面富有特色的实验和理论研究，设计并实现了多种新型纤栅式单参数、双参数及准分布多点传感器，详细介绍了有关设计思想、传感装置及实验过程。作者三年来取得的主要研究成果可分为三个方面：器件设计与技术实现、理论研究与方法创新、发表文章与论文撰写（具体内容从略）。

8. 攻读博士学位期间发表（含接收）的学术论文

到目前为止（博士论文印刷），以第一作者发表（含接收待发表）的学术论文 38 篇，合作发表论文 10 多篇。其中，国内外期刊论文 24 篇，国内外会议论文 14 篇，被 SCI 收录 6 篇（第一作者 5 篇，第二作者 1 篇），被 EI 收录 9 篇（第一作者）。另有几篇正在被《Optics Communications》、《IEEE Photonics Technology Letters》、《光学学报》、《中国激光》等期刊评审(具体内容从略)。

9. 攻读博士学位期间参加的科研项目

国家自然科学基金资助项目、国家863计划课题、教育部博士点基金项目、天津市科技攻关项目、天津市自然科学基金项目。

10. 攻读博士学位期间参加的国际学术会议

(1)2000年11月8~10日,北京《OEIC-2000》SPIE会议。

(2)2001年11月13~15日,北京《APOC 2001》SPIE会议。

(3)2002年11月27~30日,新加坡《Photonics and Applications》SPIE会议。

11. 参考文献

采用分章节列出或在最后全部列出均可,作者采用的是前者,参考文献总计224篇(具体内容从略)。

12. 后记

主要表达对导师、课题组同志、光学所领导和老师、父母、亲属朋友、家人(妻子和儿子)的感谢(内容从略)。

【思考与习题】

1. 什么是期刊论文?它有哪些基本类型?

2. 简述期刊论文的基本结构及其特点。

3. 举例说明综述性文章及其特点。

4. 举例说明专栏性文章及其特点。

5. 举例说明报道性文章及其特点。

6. 试论撰写高质量科研论文的"两高原则"及其重要意义。

7. 什么是学术论著?它有哪些基本类型?

8. 什么是学位论文?它有哪些基本类型?

9. 简述学术著作的一般格式及其各部分的要点。

10. 简述学位论文的一般格式及其各部分的要点。

11. 你撰写过哪些类型的科研论文?有何经验和体会?

12. 举例说明撰写期刊论文的过程及注意事项。

13. 举例说明撰写学术著作的过程及注意事项。

14. 结合本章内容,试拟出一份期刊论文的撰写提纲。

15. 调查并收集学位论文撰写实例,拟出一份学位论文撰写提纲。

第九章 论文投稿及发表

> "研究，完成，出版。"
>
> ——[英]法拉第

第一节 论文投稿准备

发表科研论文是表述科研成果的最佳方式之一，也是公认的、最权威的学术交流方式。公开发表的科研论文在学术界影响面最大。发表论文涉及三个方面的问题：一是科研工作成果的质量，二是科研论文写作的技能，三是论文投稿发表的方略。本章重点阐述第三个方面。

一、成果创新查新

成果创新查新是科研论文投稿前应当首先进行的工作，此项工作不可轻视。事实上，因未进行成果查新便贸然投稿导致被拒稿的情况时有发生。究其根本原因，一是所做的研究工作创新性不够；二是没有及时查新，不了解国内外同行最新研究成果的创新情况，以致重复研究。

（一）查新流程

查新的主要目的是为了避免重复研究，确定研究成果的创新程度。在查新过程中要检索大量的数据库，从中得到的某些相关文献，还可以拓宽研究思路，提升科研论文的创新性和实用性。

下面以科研论文成果委托查新（如论文被三大检索收录情况，引用、摘转及采用情况等）为例，结合本书作者有关科研论文及研究成果的查新经历，具体说明有关查新流程及注意事项。

1. 查新委托

委托人（或作者）首先从互联网上下载（或从查新机构获取）查新委托书，然后填写好查新目的、科学技术要点、查新点及要求、中英文检索词及联系方式等。

2. 签订合同

委托人(或作者)携带查新委托书和科研论文资料(或课题成果资料)到查新工作机构登记,办理有关查新手续,签订查新合同,安排查新事宜。若有条件,采取网上登记备案方式可提高工作效率。

3. 双方交流

查新登记备案后,查新工作机构应安排查新员与委托人(或作者)进行充分的交流。交流的目的在于双方能够在查新目的、科学技术要点、查新点及要求、中英文检索词等方面的理解上取得共识,为实施查新工作打好基础。

4. 试验检索

在双方取得共识的基础上,查新员根据科研论文(或课题成果)的特点选定检索词,开始试验检索,即试检索。在试检索期间,需根据词的同类、隶属、相关等关系,找出检索词的各种形式,如学名、俗名、同义词、近义词、上下位词等,尽可能找全关键词的各种表达形式(如英文单词 fibre 与 fiber 等)。在此基础上编制检索方式,在联机数据库中扫描,确定最终的检索策略和必需检索的数据库。有关注意事项如下:

(1)关键词的选择

①检索词是否覆盖查新点。

②检索词的不同表达方式是否找全。

③注重专业词的选择。

④不可忽略缩写词。

(2)检索式的组配

①正确把握查全率与查准率。

②避免检索结果为零。

③合理使用位置算符和逻辑算符。

④规范检索策略式。

(3)数据库的选择

①最好选择综合资源的数据库。

②选择某个专业相对的综合类专业数据库。

③开题查新市场信息方面的资源不可忽略。

④注重检索范围的时间性。

5. 正式检索

查新员根据已确定的检索关键词、检索策略和检索数据库,进行正式检索。在正式检索期间,查新员可以要求委托人(或作者)提供必要的查新相关资料,但查新员应保证查新工作的独立性。查新员在整理检索结果和文献对比分析的基础上，写出查新报告初稿。

6. 审阅初稿

查新报告初稿须请专家帮助审阅，以确定其可靠性。必要时，在查新工作机构负责人同意的前提下，委托人（或作者）可根据检索出的文献调整查新有关项目的内容和要求，如科学技术要点、查新点及要求、中英文检索词等。

7. 出具报告

查新员和查新审核员审核查新报告，确认无疑后签字；查新工作机构盖章后，出具查新报告终稿；委托人（或作者）交付查新费用，领取查新报告，结束该项查新工作。

（二）查新要素

有关查新的主要项目如下。

1. 查新名称

指查新项目（或论文）的名称。对于国内查新，可不填英文名称。

2. 委托人

指委托查新的作者或课题组成员。

3. 查新机构

指具有科技成果查新资质的专业机构或部门。

4. 查新目的

即查新报告的用途，如文章创新性查新、项目申请立项或结题等查新。

5. 查新要求

在国内外相关领域，分析并证明检索域内是否已有与查新点所定义的创新科学或技术内容相同或类似的专利等知识产权、科技成果、政府科技报告、论文、新闻、企业出版物、企业产品发布等公开报道；提供国家科技部规定内容的查新报告；其他要求（略）。

6. 项目简介

针对项目核心技术内容及查新点所述创新定义展开说明；也可采用将本项目特点与相近技术或背景技术进行对比的方式进行说明。

7. 查新要点

用一段文字准确定义项目中的科学发现、创新技术、创新产品的新功能、突破的指标及相应领域；国外查新除须填中文查新点外，还须提供中英文对照关键词及其同义词、俗称、商业名称。

8. 材料提供

作者(或课题组成员)发表的含查新点科技内容的论文、专利、成果、报道以及立项申请书和可行性研究报告等。要求注明出处、署名及该署名与本查新委托人的关系。

9. 查新周期

查新机构在委托书提交并经查新机构确认后,完成查新合同确定的查新报告的时间期限。

10. 查新保密

查新机构保证对本合同及所附资料的技术内容在查新工作期内保密。查新完成后,有关电子、纸介材料存档备查一周年后销毁。查新合同及所附资料的技术内容如有泄露,查新机构将承担国家保密法规定的经济及法律责任。

11. 查新交费

交费方式:转账、刷卡或现金。

12. 提交报告

提供报告方式:面交或特快专递寄回。

13. 违约与赔偿

违约金或者损失赔偿的计算方法,由双方签订查新合同时协商确定。

(1)对于各类查新,如中途进行修改使查新内容完全脱离原合同原查新点,则视为另项查新。如查新机构造成的文字或查新结论谬误,经查新机构确认后须免费重新打印报告或重查。

(2)如果机构未能如期提供查新报告,机构应说明原因,在委托人(或作者)同意延期的情况下,可延期提供查新报告。

(3)如委托人要求因上述第(2)款终止查新合同,查新机构除应退还委托人(或作者)已付查新机构的查新费用外,还须另付委托人(或作者)违约金(比例在签订合同时确定)。

14. 争议解决

在查新合同履行过程中发生争议,双方应首先友好协商解决,或请求查新机构的上级主管部门(如省科技厅)及委托人(或作者)的主管部门进行调解。调解不成的,如属查新结论问题,可申请由国家科技部计划司成果办仲裁;如属经济问题,则按国家有关规定,通过司法程序解决。

15. 合同期限

指查新合同的订立及有效日期,需双方共同签字生效。

二、投稿期刊选择

撰写科研论文的目的,是将研究成果及时发表在相应水平的学术期刊上。因此,对相关学术期刊的宗旨进行充分了解,可以有效地提高投稿命中率。在努力做好研究工作并取得较高水平研究成果的同时,要尽量向影响因子高或者被引用、摘转及采用率较高的学术期刊(被 SCI、EI、SSCI、A&HCI、ISSHP、CSSCI 等数据库收录)投稿。研究的最新结果可以投往发表周期短的快报(Letters)一类的期刊,而研究成果体系较为完整的论文可以考虑投往办刊历史较长、影响力大的专业期刊。投稿期刊的选择需考虑的因素有:期刊级别、发表周期、办刊宗旨、索引频度等。

下面列举 8 种国内外重要期刊的征稿要求及说明作为实例。

例 1:《中国科学》期刊征稿要求及说明。

《中国科学》(中文版)和《Science in China》(英文版)是中国科学院主管、中国科学院和国家自然科学基金委员会共同主办的自然科学综合性学术刊物,主要刊载自然科学各领域基础研究和应用研究方面具有创新性的、高水平的、有重要意义的研究成果,由中国科学杂志社出版。目前《中国科学》(中文版)有 A ~ E,G 辑,共 6 辑,《Science in China》(英文版)有 A ~ G 辑,共 7 辑。从 2006 年起,《中国科学》A ~ G 辑英文版全部由 Springer 独家代理海外发行,并纳入 Springer Link 网络平台。

例如,《中国科学 A 辑:数学》(中文版)和《Science in China Series A:Mathematics Sciences》(英文版)均为数学月刊,主要报道基础数学、应用数学、计算数学与科学工程计算、统计学等方面具有重要意义的研究成果。它是 SCI 核心中唯一的一个中国数学期刊,发表过例如陈景润院士的"哥德巴赫猜想的证明"等一系列重要的高水平论文。英文版与德国 Springer 合作出版,向全世界发行。

再如,《中国科学 E 辑:技术科学》(中文版)和《Science in China Series E:Technological Sciences》(英文版)均为技术科学双月刊,主要报道材料、机械工程、工程热物理、水利、空间科学、航空、土木工程、核科学与技术、电工、电机、建筑、工程力学等领域基础研究和应用研究方面具重要意义的创新性成果。英文版被 SCI 核心、EI 等收录。英文版与德国 Springer 出版社合作出版,向全球公开发行。

例 2:"Chinese Physics Letters"(中国物理快报)期刊征稿要求及说明。

"Chinese Physics Letters"(PTL)是中国物理学会于 1984 年创办的英文学术月刊,坚持国际上高级快报类刊物的选稿原则,强调研究成果的首创性及对推动其他研究的重要性,内容包括:理论物理,核物理,原子与分子物理,电、磁、声、光、热、力学及其应用,流体、等离子物理,固体物理,与物理学交叉学科及地球、天体物理等。该刊自 1986 年起连续被 SCI（Science Citation Index）收录，是我国目前被 SCI 核心收录的 15 个刊物之一。

Chinese Physics Letters is an international journal reporting novel experimental or theoretical results in all fields of physics. Published monthly by the Chinese Physics Society and IOP Publishing Ltd, the journal is one of the source publications of SCIENCE CITATION INDEX by the Institute for Scientific Information of USA. Contributions from all over the world are welcome.

例 3："Chinese Physics"（中国物理）期刊征稿要求及说明。

"Chinese Physics"（中国物理）是中国物理学会主办的综合性物理学英文学术期刊，登载国内外未曾公开发表的具有创造性的物理学研究论文和研究快讯。同时，也尽快发表国家重大项目、重大基金项目与前沿课题取得的突破性创新成果的来稿。本刊均为月刊，国内外公开发行，属核心期刊，已被 SCI 等国际 6 大检索系统收录。主要内容如下。

（1）本刊自 2007 年 1 月起，在正刊上只接收发表英文稿件，对投来的中文稿件，将退回作者，请其自行翻译成英文后再进行审理。

（2）来稿要求论点明确、有新意、数据可靠、文字精练。每篇论文（包括图、表）要求在 6 个印刷页（大 16 开本）以内，图不超过 6 幅；快报不超过 3 个印刷页，图 4 幅以内。

（3）来稿须到本刊网站（http：//cpc – hepnp. ihep. ac. cn）投送电子稿，文件格式为：Latex，pdf，word，本刊不再受理纸稿。

（4）所投稿件一经本刊录用，作者须将该篇论文各种介质的出版权转让给编辑部所有，并签署《中国物理》版权转让协议书，如不接受此协议，请在投稿时予以声明。来稿一经发表，本刊将一次性酌情付酬，以后不再支付其他报酬。本刊赠送期刊 1 本。

例 4：《中国激光》期刊"光纤通信及器件"专题征稿启事。

光纤技术和网络技术的迅猛发展，对现代光通信技术的发展产生了巨大的推动作用，尤其在光纤通信系统及器件的设计与实现方面，已取得了诸多令人兴奋的成就。《中国激光》计划于 2008 年 12 月正刊上推出"光纤通信及器件"专题栏目，现特向国内外广大读者以及作者征集"光纤通信及器件"方面原创性的研究论文和综述，旨在集中反映该方面最新的研究成果及研究进展。

征稿范围包括：

——光纤通信系统的设计及实现。

——光纤激光器的设计与实现（如掺杂光纤激光器、新型可调谐光纤激光器、微结构光纤激光器等)。

——光纤放大器的设计与实现(如宽波段掺铒光纤放大器、拉曼光纤放大器、微结构光纤放大器等)。

——全光纤无源器件的设计与实现(如宽带光纤耦合器、宽带光纤滤波器、新型光纤色散补偿器、阵列光开关等)。

——新型光纤光栅的设计与实现(如微结构光纤光栅、超长周期光纤光栅及特种光纤光栅等)。

——其他

截稿日期:2008 年 10 月 15 日。

投稿方式以及格式:可直接将稿件电子版发至"光纤通信及器件"专题组稿专家、《中国激光》常务编委张伟刚教授邮箱:zhangwg@ nankai. edu. cn(主题标明"光纤通信及器件专题"投稿),或通过中国光学期刊网网上投稿系统直接上传稿件(主题标明"光纤通信及器件专题"投稿),详情请参见中国光学期刊网:www. opticsjournal. net。本专题投稿文体不限,中英文皆可,其电子版请使用 MS – word 格式,有任何问题请发邮件至 mayi@ siom. ac. cn 询问。

例 5:Physical Review Letters 和 Physical Review 期刊征稿要求及说明。

1. Physical Review Letters (PRL)

PRL featured short, important papers from all branches of physics, and quickly assumed a place among the most prestigious publications in any scientific discipline. Today PRL is the world's foremost physics letters journal, providing rapid publication of short reports of significant fundamental research in all fields of physics. International in scope, the journal provides its diverse readership with weekly coverage of major advances in physics and cross disciplinary developments. PRL's topical sections are devoted to general physics (including statistical and quantum mechanics, quantum information, etc.), gravitation and astrophysics; elementary particles and fields; nuclear physics; atomic, molecular, and optical physics; nonlinear dynamics, fluid dynamics, classical optics; plasma and beam physics; condensed matter; and soft-matter, biological, and interdisciplinary physics.

2. Physical Review (PR)

PR has subdivided into five separate sections A, B, C, D, E, as the fields of physics proliferated and the number of submissions grew.

例如,Physical Review A (PRA) provides a dependable resource of worldwide developments in the rapidly evolving area of atomic, molecular and optical physics and related fundamental concepts. The journal contains articles on quantum mechanics including quantum information theory, atomic and molecular structure and dynamics, collisions and interactions (including interactions with surfaces and solids), clusters (including fullerenes), atomic and molecular processes in external fields, matter waves (including Bose-Einstein condensation) and quantum optics. New sections on quantum communication, computation, cryptography and matter waves are growing rapidly.

再如,Physical Review C (PRC) contains research articles reporting experimental and theoretical results in all aspects of nuclear physics, including the nucleon-nucleon interaction, few-body systems, nuclear structure, nuclear reactions, relativistic nuclear collisions, hadronic physics and QCD, electroweak interaction, symmetries, and nuclear astrophysics.

例6:IEEE Photonics Technology Letters 期刊征稿要求及说明。

IEEE Photonics Technology Letters (PTL) offers rapid, archival publication of original research relevant to photonics technology. PTL papers are now posted online immediately after proofs are received, providing extremely rapid publication. PTL is published in complete issues online in color twice a month and in hardcopy form in mostly black and white once every two months.

Original contributions are welcome which relate significant advances or state-of-the-art capabilities in the theory, design, fabrication, application, or performance of

—Semiconductor optical devices; including lasers, amplifiers, light-emitting diodes, solid-state lighting, etc.

—Optical fiber and waveguide technologies; including design and characterization, amplifiers, measurement techniques, etc.

—Optical filters, control, and switching devices; including planar lightwave circuits, photonic integrated circuits, MEMS, liquid crystals, photonic crystals, nano-photonics, etc.

—Free-space and fiber-optic transmission systems and subsystems; including system demonstrations, optical and electrical signal processing, modulation, detection and equalization techniques, measurement techniques, etc.

—Optical sensors; including bio-photonics, remote sensing, fiber-optic gyroscopes, etc.

—Other photonic technologies; including THz waves, plasmons, etc.

三、投稿注意事项

投稿的目的是为了能够发表论文。投稿工作的各个环节,都与稿件的命运密切相关。下面结合本书作者投稿与评审的经验,具体列举一些投稿工作中的注意事项。把握住这些环节,就可以保证稿件不会仅仅由于细节原因而遭遇退稿处理。

(一)投稿准备

投稿之前,完成一些必要的准备工作,可以使文章被接收的把握增加。下面根据本书作者的投稿经验,介绍有关投稿准备的注意事项。

1. 题目有创意

审稿人评审论文,或者读者阅读论文,最先看到的是题目。如果题目用词不当,推敲欠妥,就容易对论文评价产生很大的负面影响。作者应当通过题目提示审稿人或读者,投稿论文的内容与前沿研究课题或当前热门话题密切相关,研究工作具有重要的意义。

2. 主题要鲜明

作者研究的是什么问题? 主题是什么? 有何重要之处? 这些问题需要精心组织材料以做出明确回答,同时需要引证别人的观点来支持自己提出的观点、理论、计划或方案。要指出该问题或课题目前国内外研究的现状及存在的缺陷,以及作者的创新思路、解决方案及实施优点等。

3. 论据应核实

论文中的论据(包括实验数据、分析表格、分布曲线图、访谈记录、引文资料等)在投稿前必须仔细加以核实,确定无疑,以保证论文内容的真实性和分析的准确性。有的作者往往由于在关键数据的核实上出现了差错(如小数点、单位有误),导致论文被拒,这种教训是深刻的。

4. 论文须定位

给论文进行恰当的定位,可以指导作者选择合适的期刊投稿。若作者有多次投稿的经验,则对论文的质量和水平不难把握。而对于初学者而言,尚需请教专家帮助把握为佳。一般而言,得到有经验者(特别是那些一直处于该领域前沿的研究者)的建议和指导,将使作者少走弯路并提高投稿效率。

(二)投稿策略

投稿需要讲究策略。投稿不中(或退稿)有多种原因,本书作者根据自身的写作经验,对其进行了归纳。总结起来,主要有以下几个方面。

1. 专业论文为重点

学术期刊大多偏重发表专业性强、题材来源于领域前沿的最新研究和科研成果的凝练与提升的科研论文,较少刊登讨论体系框架的论文或综述性文章(专门刊载综述性文章的期刊除外,如《物理学进展》等)。

2. 期刊选择要适合

高质量科研论文应尽量向影响因子高的期刊投稿,这样被 SCI、EI、SSCI、A&HCI、ISSHP、CSSCI 等数据库收录的几率就会增大。对于课题组科研项目论文,作者可向课题组或实验室负责人征求投稿建议(期刊类型、办刊宗旨、影响因子等),根据论文的质量和水平集体确定最佳投稿期刊。

3. 权威期刊敢投稿

要敢于向权威刊物投稿,特别是向国外的权威期刊投稿,但前提是确实已经取得了高水平的科研成果。对于初学者,在选择投稿期刊方面应循序渐进,从较为基础的期刊投起。当然,若取得的科研成果质量较高,论文写作水平也较高,亦可选择向高水平的期刊投稿。

4. 学术争论须有据

所有的研究都有如下一些目的:一是寻找一个最有价值的主题;二是为了解决一个具体问题;三是为了改进现有的状况;四是希望创造更多的价值。为此,论文作者可以就不同的学术观点发表自己的意见甚至批评,提出新观点或新理论,但前提是要给出论据,阐释理由。若是对某一学术观点提出的意见没有足够的论据和合理的论证支持,则论文很容易因此而被拒。

(三) 注意事项

为增加投稿成功的几率,除了在寄出稿件之前对稿件进行详细的校正外,有些工作在稿件寄出后也应当继续实施。只要对某些细节多加关注,很多意外的损失就可以避免。

1. 敲定署名次序

论文一旦定稿投出,投稿期刊一般不允许变更作者人数或顺序。文章作者变更是一件非常严肃的事情,更改前需要慎重考虑。为避免出现此类事件,论文所有作者在投稿前一定要认真协商,敲定署名次序。因论文署名纷争而引起的学术不良事件时有发生,应引起特别注意。如确需变更,需经该论文所有作者同意,签字后将原件及变更理由送交投稿期刊编辑部,再由该刊决定处理。

2. 遵守保密规则

科研论文的投稿、审稿、修改及发表需要经历一定的时间,其发表周期因期刊的性质而有所不同。作者、审稿人及有关期刊编辑均应遵守相关保密规则,使各方的知识产权得到切实的保护。尤其对于论文的合作者们来说,保护论文涉及的关键技术等知识产权是大家共同的职责。

3. 先专利后文章

即先申请专利,后投稿。特别是对于那些适合申请专利的新技术、新工艺,应在文章投稿之前及时申请发明或实用新型专利,不可拖延。有些论文作者(包括从事实验、应用技术方面的一些专业技术人员)在获得新发明或新技术之后,因急于发表相关文章而忽视了专利申请,导致专利知识产权的丧失,这种事例是屡见不鲜的。

4. 切忌一稿多投

为了避免重复发表,科技文献稿件不许一稿两投或一稿多投,或者是将本来属于一篇文章的内容拆成两部分,作为两篇文章投稿。对于前者,若先后收到两处接收函,作者一定要及时致歉编辑部,并撤销其中之一;对于后者,若是两部分均已经发出,则处理同上,若是仅发出前一部分,则不应继续单独发出另一部分,可将该部分的内容在报道更进一步的研究成果时加以论述。否则,一旦公开发表后发现多投现象,编辑部将对其采取相应的惩戒措施,违规者也会因这种行为而不得不承受来自同行及有关期刊的批评,甚至会影响其未来的学术发展。

5. 标注基金资助

课题组及实验室的科研工作,大都是在国家、省市等科研基金项目支持下进行的。因此,科研工作的所有成果(包括论文和报告)都应注明相应基金项目资助的字样,以表示对资助方的尊重。标注的方式和内容由课题组相关成员商议确定。国际学术期刊须以英文标注,其他语种则参考英文标注。

6. 地址准确无误

在投稿前,作者应确保查到的投稿期刊地址、编辑部电话及电子邮箱等准确无误,以免影响投稿。目前,大多数学术期刊已采取网络投稿方式,这样既方便了作者投稿,又节省了人力和物力,避免了投寄差错。但也有部分期刊还是以纸质邮件方式投稿。作者应根据所投期刊的具体要求投稿。

7. 勿投寄给个人

一般而言,把论文投寄给某个专家或个人是不妥当的,除非期刊有某种要求(如专题征稿可要求作者直接向某位组稿专家投稿)。论文寄给个人,有可能增加通过的几率,但也很可能因其个人原因而延误论文发表时间,这是得不偿失的。学术期刊一般会根据该刊设置的投稿栏目,对每个领域或专题各安排一个编辑负责,作者投稿时需注意这方面的准确信息。

8. 平和对待退稿

要以平和的心态对待审稿意见,特别是退稿意见。级别越高的学术期刊,聘请的审稿人水平越高,有新意的成果被发现、挖掘和推荐的可能性就越大,真知灼见就越不会被埋没。高水平期刊审稿人的意见颇多远见卓识,即使退稿,对作者也会有很大启发。须知,每个研究者都有论文被拒的经历,很著名的专家或学者也是如此。对此,不必太计较,应平和应对,继续努力。

9. 投稿状态跟踪

目前,国内外学术期刊一般都建立了网上投稿机制。作者一旦投稿完毕,需要密切跟踪所投稿件的状态,避免因疏忽造成的不必要延误,影响文章正常处理。

下面以英文版期刊投稿文章为例,重点强调几个需注意的问题:

(1)Submitted to Journal:处于刚提交的状态。

(2)Manuscript received by Editorial Office:作者论文已到编辑手里,投稿成功。

(3)With editor:若投稿时未选择编辑,则论文会先到主编那里;然后主编将分派给别的编辑处理。这期间会有两种可能:

①A waiting Editor Assignment:论文被指派责任编辑处理。

②Editor assigned:文章被分配给某个编辑处理。

(4)Editor Declined Invitation:编辑接手处理并邀请审稿人审稿。随后也会有两种可能:

①Decision Letter Being Prepared:编辑未找审稿人,根据稿件情况自行处理。

②Reviewer(s) invited:找到审稿人并开始审稿。

(四)退稿原因

投稿不中(或退稿)有多种原因,根据本书作者的投稿经验,归纳起来主要有以下几个方面。

1. 无创新性

研究工作无新意,科研成果创新性不强,这是学术期刊退稿的最主要原因。如单纯的定性描述,缺乏理论推导和定量分析;重复他人工作,在原理、方法及指标上没有取得更新的进展;等等。一般而言,高水平期刊(特别是国际学术刊物)最欢迎的是具有原始创新性的工作。

2. 范围狭窄

研究工作局限于某个狭窄的范围或区域,取得的成果仅适用于该区域或某个特殊专业,不具有普遍性和指导意义,不能推广到其他相关的研究领域或应用场合;再有,仅仅是旧方法在某一个问题或某个地区的应用,而不是新方法的提出或创立;等等。

3. 文笔欠佳

有些作者的写作功底不厚,文笔欠佳。如文章条理不清,层次不明,逻辑不通,文法有误等;使用外文写作也会存在问题,如英文功底不厚,中式英语较多,使得国外审稿人难以理解,导致退稿;等等。对于初学者,要特别注意论文写作方面知识的学习和技能训练,尽快提高科研论文写作水平。

4. 提炼不够

作者在科研工作上有新发现,并取得了可以发表的创新性研究成果,然而因其归纳能力所限,未能很好地对研究工作进行提炼,将论文内容升华并上升到理论的高度,导致论文的组织和表述不到位,影响了期刊审稿人及编辑对研究工作的认识和理解,使得评审未通过。

5. 选刊不适

有些作者在期刊选择方面缺乏经验,投稿无的放矢,针对性不强,也容易导致论文被拒。如有些期刊关注理论分析与创新,而有些期刊侧重实验与应用,还有些期刊二者兼顾,这些均需要作者在投稿前进行了解。由于作者对期刊的刊载宗旨把握不准,一些优秀的科研论文可能未能及时发表,这对该领域的科研工作无疑是有一定影响的。现在,很多期刊的评审意见中已经增加了论文不适合本刊发表时可以转投何处的建议,这对作者修改投稿方向具有重要的参考价值。

第二节　论文修改答复

论文投稿后,经过一段时间(一般不超过 3 个月),期刊编辑部会将评审意见反馈给作者。对于编辑部反馈的评审意见,作者一定要仔细阅读,如要求修改,则必须按照审稿人的意见逐条答复,并在修改稿中用下划线标注出。

根据本书作者的经验,透彻理解评审意见,逐条仔细修改答复,将修改稿及时送交编辑部,一般会提高修改论文被接收的几率。下面列举本书作者的论文修改实例加以说明。

一、透彻理解评审意见

编辑部所反馈的评审意见来自一位或多位审稿专家,这些专家是专业领域的资深人士,所提出的意见一般能够抓住文章的重点。对这些评审意见进行反复阅读、透彻理解,不仅可以对文章中存在的问题增加了解,便于对文章进行修改,还可以在原有的基础上更进一步地把握住文章的重点,对研究工作的发展大有好处。

1. 期刊审稿意见示例

以下是 Optical Communications 审稿专家对本书作者投稿论文的评审意见:

"A novel independent tuning technology of center wavelength and bandwidth of fiber Bragg grating"

Zhang et al.

Referee's Comments

The authors have improved the paper in this revision but left some areas with questions remaining. I refer specifically to these points below.

Point 1—"the special glue"—for a paper to be valuable to the readership, some detail is needed. What is the glue? What are its features? Is it widely available?

The need for a strict temperature control—what is this in quantitative terms? How can it routinely be achieved? Does it make the system proposed impractical for widespread use?

Point 2—the authors state "we hope that these means can ensure the temperature perturbation……" can be held to ±0.4℃. Is this achieved or is it merely a "hope". The authors need to be specific.

Point 3—the errors: given the various sources of error an agreement to 87% of the theoretical value is achieved. This seems low – how do the authors react to this view. Can it be improved?

Point 4—the need stated by the authors for "further work……before this type of set up…… (is) used". Surely the need is to do this further work now and to……include the results of the "further work" in a revised paper.

Given the above I see the work is not yet sufficiently mature for publication. Further work, is the authors say, is needed.

2. 论文修改策略分析

通过认真研读上述审稿人的评审意见,本书作者采取如下修改策略:

(1)先把 reviewer 提出的问题找出来,进行透彻分析。

(2)按评审意见进行逐条修改,并在论文中醒目标记。

(3)还要把指出的文字等小错误 copy 下来,逐字更正。

"问题"修改一般格式如下:

Reviewer 1：

Question 1…… × × ×……

Answer 1……（Page × × ×, Line × × ×）

：……… :…… ：……… ：…… ：……… ：………

Question N ……（Page × × ×, Line × × ×）..

Answer N………（Page × ×, Line × ×）

Reviewer 2：

Question 1 ...... ×××......

Answer 1......... （Page×××，Line×××）

:...... :...... :...... :...... :...... :......

Question N ...... （Page×××，Line×××）

Answer N......... （Page××，Line××）

"文字"修改一般格式如下：

Original errors：×××××××××

Corrected ...... ××××××...... （Page×××，Line×××）

二、逐条仔细修改答复

答复评审意见的过程,也是对论文重新理解和完善的过程。对于真正存在的问题与漏洞,做出答复的同时便可对其进行修改;对于仅是理解方面的问题,做出答复也可以对论文相应的内容更有把握。因此,认真地对评审意见进行答复,对论文质量乃至科研水平的提高,均大有益处。

1. 逐条答复评审意见

作者应对评审意见逐条(point-to-point)答复。回复的策略是:针对审稿人提出的问题,一个一个地做出答复;能修改的就修改,不能修改的给出理由,而且都要按序排列,要具体到论文的段和行,并且醒目地标记出来;回答问题时态度要谦逊。

下面是本书作者回复 Optical Communications 期刊审稿专家的答复函。

Dear Sirs,

Thank you for your Fax on our paper suggestions. The questions of the referee proposed are answered as follows(以下内容从略)。

The further works need to do before this type of set-up to be used in practice. We believe that our work done represents a good start, and the questions such as grating fixing, temperature effect, stability, reproducibility and etc. can be overcome by means of above-mentioned effective techniques and approaches. This tuning set-up is expected to use in tuning filter, dispersion compensation, fiber grating sensor and so forth.

According to referee's comments, our manuscript has been revised. The modifications of the manuscript have been underlined in the revised manuscript.

Please inform us with e-mail if this letter is received. Thanks again!

Best regards,

Sincerely,

Weigang Zhang 张伟刚

Weigang Zhang

Aug. 10, 2002

Institute of Modern Optics

Nankai University, P. R. China

2. 论文修改有关事宜

文章投稿后,就处于待审之中(Under review),等待过程可能很痛苦。当然,前面投稿的各个步骤也需要经历一段时间,有时这些工作可能进行得很慢,具体耗费时间要看期刊编辑的处理情况。下面一些有关论文修改的事宜,需要引起论文作者的重视。

(1)如果被邀请的审稿人不便审稿,他(她)们就会拒绝(decline)。于是,编辑就会重新邀请其他审稿人继续审稿。如果超过了期刊规定的时间仍未收到答复,论文作者可以直接向编辑部咨询,不可耽搁,以免因邮件丢失等意外原因而影响论文发表。

(2)有些期刊建立了网络评审机制,审稿人的意见上传完毕(Required Reviews Completed),则审稿工作暂告结束,等待编辑评估审稿人的意见(Evaluating Recommendation)。随后,论文作者将收到期刊编辑对论文评审的决定(decision)。

(3)若修改稿未能通过审稿人的审查,则该文章将被拒,投稿又开始了一个新的循环(Revision Submitted to Journal)。如果得到修改通知(Minor revision/Major revision),则进入论文修改阶段。论文作者需要经常了解评审状态,以便及时采取应对措施。

(4)进入修改阶段,虽然文章有被接收的可能,但不能大意,必须认真对待。因为修改稿(revision)会再发给审稿人审阅。所以,一定要认真研读所有审稿人(一般是2人,偶尔也会有3人)提出的各条意见,细心地逐条回答每个审稿人的每一个问题,回答问题时态度要谦逊。请记住文章修改的一个重要经验:给审稿人减少麻烦就是给作者自己广开通路!

(5)如果通过了(Accepted),则可喜可贺!接下来,将签版权协议(Transfer copyright form),论文排版(Manuscript Sent to Production),等待作者校对样稿(uncorrected proof 等待校对样稿)。清样已经作者校对并签字(Corrected Proof),等待印刷(In Press)和出版(in production)。

需要指出的是:由于有些审稿人对作者的研究不够熟悉,评审时没有投入足够的精力对论文进行细致的阅读,或是对论文的关键部分理解不到位,甚至有可能对评审工作敷衍了事。因此,评审意见中提出的某些问题在作者看来,可能存在严重的偏差,甚至是外行或幼稚的。但作者在回复时也应当谦逊诚恳,对存在偏差的问题进行详细的解释说明,必要时需要将文章的关键部分进行详细阐释,以方便审稿人理解。若是因评审意见存在偏差而心怀不满、意气用事,在回复中出言不逊、冷嘲热讽,甚至直接指责或攻击审稿人用心不足、态度不端等,不仅对论文修改工作没有好处,更可能造成极大的麻烦和影响,严重者可能导致修改工作无法继续进行,甚至论文直接遭到拒绝。

三、据实争取论文发表

期刊审稿意见一般有三种可能:一是评审一次通过接收,这是最理想的情况;二是认为论文有价值,但需要修改,然后再评审;三是评价不高,编辑部退稿。对于编辑部退稿,可以进行申辩,或改投其他期刊。对于有争议的论文,作者应该鼓足勇气,根据实际情况,采取妥善方式进行申辩,争取论文发表机会的到来。应做到:被拒不气馁,接收再进取。

下面是本书作者答复 Physical Revew C 期刊审稿人意见的回信内容。

Editor, Physical Review C

1 Research Road

BOX 9000

Ridge NY 11961 – 9000 USA

17 June 1998

Dear Dr. Debbie Brodbar：

Thank you for your consideration of the manuscript ［CM6350］ I sent you. I have found the comments and recommendations of both referees to be very constructive, and I feel that my latest draft is significantly better in many respects. In the light of the positive response of the second referee, and my belief that I have adequately addressed the misgivings of the first referee, I have decided to continue to seek publication Physical Review C.

In this letter, I try to be as brief as possible, consistent with offering an appropriate response to each specific point in the reports(以下内容从略)。

On basis of the corrections submitted, I hope my paper could be published in Physical Review C as a regular article. Hopefully, I can get your response at an early data. (E-mail：gxyjwch@ public. lzptt. gx. cn)

Yours sincerely,

Wei-gang Zhang

下面是本书作者给 Physical Review C 期刊回信后,该期刊发回的论文接收函。

Dr. Weigang Zhang

Administrative Div. of Scholastc

Affairs, Guangxi Ins. of Techn.

(Donghuan Road 268)

Liuzhou, Guangxi; 545005

CHINA

30 July 1998

Re: CM6350

Measurement of collectivity of collective flow in relativistic heavy-ion collisions using particle group correlations.

By: Weigang Zhang

Dear Dr. Zhang:

We are pleased to inform you that the above manuscript has been accepted for publishedas a regular article in Physical Review C.

Please note the publication charge information below and return the attached form indicating 'acceptance' or 'nonacceptance' as soon as possible.

Sincerely yours,

Sam M. Austin

Sam M. Austin

Editor

Physical Review C

第三节　论文发表规程

一篇论文,从期刊编辑部收到来稿到正式刊登发表,需要经过一定的程序。了解论文的发表规程,不仅可以及时对编辑部的要求做出反应,还可以合理地安排自己的研究工作,避免在等待中浪费时间。下面根据本书作者的评审经验,对论文的发表规程进行具体说明。

一、编辑初审

由编辑对稿件进行初审,主要就该稿是否符合刊载宗旨、篇幅是否适中、文字是否清晰等进行形式审查,确定是否送交专家进行评审,如无送审价值,则退还给作者。也有些期刊只给作者退稿通知但不退还原稿。

二、专家评审

对于有送审价值的稿件,编辑部从已建立的审稿专家库中抽选评审专家(一般为两位)负责审稿。送审的稿件一般要求审稿人在规定的期限内返回审稿意见,超过期限编辑部会催问。若审稿人因事推迟或时间过长未返回审稿意见,编辑部将协商另选审稿人。

投稿文章一般由两位审稿人同时评审,若两位均建议发表,则该稿件基本能够确定被接收;若其中一位提出否定意见,编辑部一般会送交第三位审稿人进行裁决,并根据第三位审稿人的意见综合考虑,对稿件提出取舍意见。值得注意的是:审稿人一般只是编辑部的顾问,而不是稿件的最后仲裁者。因此,如果作者认为评审意见有出入,可以向编辑申诉,并提出重审要求。

下面列举4个实例具体说明专家评审标准及有关要求。

例1:《中国科学》E辑稿件评审示例。

张伟刚 教授:

您好!中国科学E辑:技术科学编辑部诚恳地邀请您评审一篇稿件。请访问中国科学杂志社"学术期刊管理系统"http://219.238.6.197(请使用IE5.5以上的浏览器),输入账号×××××××和口令×××××××后"登录",您将看到待审稿件(用红字显示)。点击文题后面的"评审"按钮,您将进入审稿页面。请按照页面提示进行评审,由于本系统在大量用户同时访问时对操作时间有限制,审稿时如需较长时间,请先用记事本或WORD等软件写好审稿意见,然后再复制粘贴到网页上。

希望您尽可能在15天内完成评审。感谢您的支持!

此致

敬礼

中国科学E辑:技术科学编辑部

2008-××-××

1. 文题与摘要

(略)

2. 评审意见

(1)创新:"重大"、"重要"、"一般"或"无"。

具体意见:略。

(2)水平:"高"、"一般"或"低"。

具体意见:略。

(3)意义:"重要"、"尚可"或"一般"。

具体意见:略。

(4)写作:"良好"、"一般"或"差"。

具体意见:略。

(5)具体评审意见和修改建议

(作者不可见):略。

(6)具体评审意见和修改建议

(作者可见):略。

(7)附加材料

(发给作者):略。

(8)结论:"直接发表"、"修改后发表"、"修改后复审"或"退稿"。

结论:略。

例2:《中国物理快报》稿件评审示例。

南开大学　张伟刚　先生:

请您按下列要求填写审稿意见,并于两周内审毕寄回。若不便审,请速退回,不要积压。谢谢! 请您在审稿时从严掌握标准,特别注重物理上要有"创新"的内容,以使本刊不失"快、新"之特色。

　　此致

敬礼

Chinese Physics Letters 编辑部

2007－××－××

Chinese Physics Letters 稿件送审单:

稿件编号:2007－×××× 作者:××× 等 送审日期:2007－××－××

请将处理意见用"√"注明在有关栏内。

1. 可刊登

(1)除技术加工外,无须修改即可刊登。

(2)文中有小不妥处,由审稿人或作者修改。

2. 不予刊登

(1)不是重要和创新的工作,不必用快报发表。

(2)物理内容有严重或根本性错误。

(3)主要物理内容已发表,具体指出发表在何处。

（4）用快报短文形式难以说明问题。

（5）其他原因。

3. 修改后再议

（1）修改

①物理内容有待商榷,待作者修改或答复。

②叙述有待改善,需作者修改。

（2）改后

①修改后由原审稿人再审,决定是否发表。

②修改后可由编辑部裁定,原审稿人可不再审阅。

4. 英文水平（请审者在相应处打"√"）

（1）好（基本不需修改）。

（2）较好（不妥处请作者修改）。

（3）较差（请导师或英文好的老师大修改）。

（4）太差（不易读懂影响理解）。

5. 不便与作者见面,供编辑部参考的意见

（略）

6. 发给作者的内容,审稿者请勿署名

稿件编号:2007 - ××××,作者:× × ×等。

（1）研究工作和结果的创新和重要性,是否对广大物理界有参考价值。

（2）科学内容的正确性（扼要指出其错误之处）。

（3）叙述是否正确清楚（题目是否妥当,摘要是否过简,数据和图表是否足够,结论是否明确）。

例3:《光学学报》、《中国激光》、《中国光学快报》（英文版）、《激光与光电子学进展》光学联合期刊稿件评审示例。

尊敬的张伟刚常务编委:

本刊特将此稿委托您处理,您的意见对本稿是否刊出十分关键,仅用于稿件处理,请勿公开。非常感谢!

　　此致

敬礼

光学期刊联合编辑部

2008 - ××-××

表9.1是光学联合期刊稿件编委审查处理单。

表9.1　光学联合期刊稿件编委审查处理单

送审日期 2008 - ×× - ××		请您在(一周)2008 - ×× - ×× 前审回。	
	送审编辑:× × ×	联系地址:上海市 800 - 211 信箱(201800)	
	电话:××× - ××××××××;传真:××× - ××××××××; E-mail:×× × × × × × × × × ×		
稿件编号　×××××		作者　×××,×××,×××,×××	
标题　× ×			
处理意见(用"√"勾选)			
退稿	(　)退稿	(　)补充修改后再投稿	
修改后发表	(　)修改后直接发表	(　)修改后再审	
直接发表	(　)加快发表	(　)常规发表	
本稿件需要补充(1 or 2)位外审专家意见。推荐外审专家如下:			
推荐外审专家(如空 则由栏目编辑选定)	1	2	
	3	4	
给出具体意见:(如果不需要或仅补充一位外审专家意见,则需要您给出详细修改意见)			
(对关键核心点的评价,修改意见要具体,按重要性排列,不够请续在后页) 　　　　　　　　　　　　　　审稿人签名:　　　年　月　日			

三、修改加工

收到专家评审意见后,编辑部将对其进行整理,根据需要可转达作者本人。对于修改意见,论文作者需逐条修改且做出说明,并将修改稿及时送交编辑部。

期刊编委会或编辑部根据稿件评审意见和取舍意见,最终决定稿件的取舍。对不宜刊用的稿件,编辑部将及时退给作者或通知作者自行处理。对于刊用的稿件,作者将会收到一份稿件接收函,并在规定的时间内交付稿件出版费。同时,编辑部的工作人员将对稿件进行编辑加工。

编辑加工对提高原稿的质量能起到很大的作用,是保证刊物质量的一项重要工序。本书作者根据有关规范和权威著作,就科研论文编辑加工的有关主要问题作一介绍。

1. 步骤

加工程序一般分通读(粗读)、精读和复读几个阶段。

(1)通读(粗读):先通读全文,粗略地了解原稿的中心内容、结构布局、图表安排等。若发现较容易修改的问题(如漏字和错别字),可随即修改;对需要仔细考虑或需要做重点修改之处,可标上记号。

(2)精读:细致、全面地研究原稿,认真进行加工,不放过每一个细节。对通读时标有记号处,更不能遗漏。

(3)复读:认真仔细地复核加工过的稿件,查看有无遗漏或修改不妥之处,如有,应一一补上或更正。如还有疑问解决不了,应再与作者联系,或与有关专家讨论解决。若有较大的修改,应将加工好的稿件送请作者过目,征得作者的同意后才能定稿。

2. 范围

编辑加工涉及的范围较广,一般可分为内容加工、文字加工和技术加工。这三者既有区别又有联系。

(1)内容加工:包括科学性的内容(如创新性、实用性、准确性和真实性等),政治性的内容(如政治观点、路线方针政策、保密问题、涉外关系、尊重史实等)。

(2)文字加工:包括章法、标题、语法、繁简、逻辑及标点符号的修改等。

(3)技术加工:技术加工一般不改动原稿的内容,主要包括确定版式、批注加工和图表加工。

3. 校对

对编辑加工后的稿件要进行多次校对。校对内容包括:排版错误;编辑加工过程中疏漏的未改错误;调整版式、图表位置;等等。

4. 发稿

经过编辑加工后的稿件,按编排格式进行编排后,准备发给出版社或印刷厂之前的最后一道工序是发稿。发稿前,责任编辑和编辑室负责人必需对所发稿件进行全面审查,保证稿件符合齐、清、定的要求,然后送主编审定发稿。

四、付印出版

学术期刊在出版论文前,一般都要作者填写论文版权转让书,以保护出版社和作者的知识产权不受侵犯。对此,双方均须自觉遵守论文版权转让协议的各项规定和要求,行使自己应有的权利,出版社和作者都要为对方负责。

编辑部将编辑加工好的稿件交送印刷厂进行排版、制版、印刷、毛校,印出的清样交送作者校样,返回编辑部后再校对、审签付印,最后出版发行。

【思考与习题】

1. 发表论文涉及哪三个方面问题？为什么？
2. 简述科研论文投稿前进行查新的必要性。
3. 简述查新流程以及各个环节的主要内容。
4. 举例说明查新要素以及对各部分的要求。
5. 投稿前需要做哪些准备？简述其中的要点。
6. 投稿需要采取哪些策略？有何重要意义？
7. 简述投稿需要注意的一些事项。
8. 试论一稿多投对学术研究的负面影响。
9. 答复论文评审意见需要注意哪些问题？
10. 怎样提高论文修改的质量和效率？
11. 你有过论文投稿被拒的经历吗？你是如何对待的？
12. 你了解哪些与你的研究工作相关的国内外重要期刊？
13. 论文发表规程有哪些方面？简述其内容要点。
14. 结合本章内容，试拟定一份科技成果查新委托书。
15. 结合本章学习，调查并记录有关学术会议网上投稿的流程。

第十章　知识产权与保护

"保护知识产权就是尊重知识、鼓励创新、保护生产力。"

——温家宝

第一节　知识产权表现形式

当前,知识产权已成为影响国家发展的重要因素,知识产权战略已成为许多国家提升核心竞争力的重要战略。知识产权制度在激励科技和文化创新、推动知识传播、规范市场竞争秩序、促进经济社会发展等方面正在发挥着愈来愈重要的作用。

自 20 世纪 70 年代以来,世界经济已经跨入了一个崭新的阶段——知识经济时代。

一、经济发展阶段论

自人类进入文明史以来,从生产力的发展、科学技术的进步层面而言,经济发展大致可以分为以下三个阶段。

1. 劳力经济阶段

该阶段自人类文明之初一直到 19 世纪初,历时几千年之久。其特点是劳动者的体力是劳动生产效率的主要来源,生产工具很简陋,以刀、斧、锄、犁等手工生产工具和马车、木船等交通运输工具为主,人们主要从事第一产业——农业,辅以手工业。该阶段生产的分配主要是按劳力资源的占有来进行,劳力是作为开发资源、发展经济和获得财富的主要争夺对象。

2. 资源经济阶段

该阶段自 19 世纪至 20 世纪,其特点是科学技术发展迅猛,现代工具(车床、拖拉机等)取代了手工工具(刀、斧、锄、犁等),现代交通工具(汽车、火车、飞机和轮船等)代替了落后的交通工具(马车、木船等),生产效率获得了很大提高。该阶段的经济主要取决于自然资源的占有和配置,商业劳动与生产劳动相分离,产品交换在"市场"中进行,其规模、范围和形式日趋扩大和复杂;而生产的分配主要按自然资源(包括通过劳动形成的生产资料)的占有来进行,自然资源的掠夺或保护成为引发世界战争的主要因素,也是各国发展经济、增强国力的物质基础。

3. 知识经济阶段

知识经济的产生源于 20 世纪 40 年代的信息革命,发展于 80 年代兴起的高科技革命。由于科学技术的迅猛发展,科技成果转化为产品的速度不断加快,使得形成知识形态生产力的物化过程缩短,促进人类认识资源的能力、开发富有资源的替代短缺资源的能力的增强。该阶段的特点是科学技术将成为生产力的第一要素,创新是知识经济的灵魂,经济发展主要取决于智力资源的占有和配置。以下事件具体勾画了知识经济概念出现的历程:

(1)20 世纪 70 年代初,前美国国家安全事务助理布热津斯基(Z. Brzezinski,1928 ~)在《两个时代之间——美国在电子技术时代的任务》之中提出了"电子技术时代"。

(2)1972 年,美国社会学家丹尼尔·贝尔(Daniel Bell,1919 ~)提出"后工业社会"观点。

(3)1980 年,美国社会学家托夫勒(Alvin Toffler,1928 ~)在《第三次浪潮》中提出了不同于工业经济的"超工业社会"观点。

(4)1982 年,美国经济学家奈斯比特(John Naisbitt,1929 ~)在《大趋势》中提出"信息经济"概念,以其主要支柱产业命名这种经济。

(5)1986 年,英国学者福莱斯特(Tom Forester)在《高技术社会》中提出"高技术经济",以新型经济的产业支柱群体命名这种经济。

(6)1990 年,联合国研究机构提出了知识经济说法,对这种新经济性质加以明确。

(7)1992 年,中国经济学家吴季松(1944 ~)在联合国教科文组织《国际社会科学》杂志上,撰文提出"智力经济"概念。

(8)1996 年,经济合作与发展组织(OECD:Organization for Economic Cooperation and Development,简称经合组织)明确定义了"以知识为基础的经济"(Knowledge based economy),第一次提出了知识经济的指标体系和测度。

目前,知识经济在全球范围内处于形成初期,其体系尚未形成。然而,许多知识经济的规律已经在起作用,高技术产业的迅猛发展,使无形资产已受到高度重视,知识产权保护意识愈来愈强,我们要在各个方面充分做好迎接知识经济到来的准备。

丹尼尔·贝尔 托夫勒 奈斯比特

4. 知识产权化

知识经济时代要求知识产权化,即资产的主要形态是知识。知识资产是由专利、商标、版权和商业秘密所组成。若无知识产权,则其价值就无法保证。于是,知识产权化成为知识经济发展的一个基础性条件,同时也是知识经济的一个重要发展战略。

知识经济的支柱是高技术产业,知识经济在生产中以高技术产业为支撑。高技术主要包括信息科学技术产业、生命科学技术产业、新能源科学技术产业、新材料科学技术产业、空间科学技术产业、海洋科学技术产业、环境保护科学技术产业。

二、知识产权概述

知识产权是一种无形财产权,是从事智力创造性活动取得成果后依法享有的权利。知识产权涉及人类一切智力创造的成果。

1. 知识产权概念

知识产权((Intellectual Property)是指个人或单位对其在科学、技术、文学艺术等领域里创造的精神财富所享有的专有权,亦即基于其智力创造性活动的成果所产生的权利。

2. 知识产权范畴

知识产权主要包括工业产权和版权(著作权)。工业产权主要指发明的专利权和商标的专用权,此外还包括实用新型、外观设计、服务标记、厂商名称、产地标识或原产地名称及制止不正当竞争等内容;版权是指对科学作品和文学、艺术作品的专有权。此外,知识产权还包括表演艺术家的表演及唱片和广播节目;人类一切活动领域的发明及科学发现;制止不正当竞争以及在工业、科学、文学或艺术领域内由于智力活动而产生的一切其他权利。

三、知识产权特点

从法律角度而言,知识产权具有如下三个特点。

1. 产权专有性

专有性又称排他性或独占性,特指除权利人外,任何第三者都不得侵犯。权利人有权自己使用其享有的独占权利,也可以把使用权授予别人,从中收取费用。除经权利人同意或法律规定外,任何其他人不得享有或使用该项权利。否则,即构成侵权行为,侵权者需承担由此引起的法律责任,依法赔偿权利人所遭受的损失,情节严重者还要追究刑事责任。

2. 产权时间性

法律对版权和工业产权的保护都有一定的期限。在法律规定的期限内,权利人可享有独占权。但法定期限届满之后,该项知识产权就成为社会的共同财富,任何人均可自由使用,权利人也无权干预。一般而言,知识产权的法定期限届满之后,原则上不允许延长,但商标权利一般可允许延长。

3. 产权地域性

知识产权还具有严格的地域性。在一国境内根据该国法律取得的知识产权,只受该国法律的保护,而在其他国家则不具备域外效力,不能得到其他国家的承认和保护(有国际条约约束者除外)。因此,在一国取得的知识产权,只有再向其他国家提出申请并经该国政府主管部门审查批准后,才能得到该国法律上的保护。

四、知识产权组织

1. 世界知识产权组织成立

为了促进对世界知识产权的保护,1967 年 7 月 14 日,51 个国家在斯德哥尔摩签订了《成立世界知识产权组织公约》,该公约于 1970 年 4 月 26 日生效后成为保护知识产权的一个重要国际公约。在此公约的基础上,成立了一个政府间的组织——世界知识产权组织(WIPO,即 World Intellectual Property Organization)。该组织于 1974 年 12 月正式成为联合国组织系统的一个专门机构。

2. 世界知识产权组织宗旨

该组织的宗旨是通过国与国之间的合作,并在适当情况下通过与其他组织的协作,促进世界各国对知识产权的保护。它通过制定国际公约、协调各国立法、搜集和传播技术情报、建立服务部门以及促进创造性智力活动的开展,向发展中国家转让与工业产权有关的技术提供方便,以加速各国社会经济和文化的发展。

第二节 知识产权保护措施

一、知识产权保护概述

知识产权的国际保护是一个历史性的产物。19 世纪末,欧美发达资本主义国家经济迅速发展,垄断资本不仅大量输出产品,而且大量输出资本和技术。同时,随着各国经济贸易等交往活动的不断增加,知识产权的国际市场也已开始形成和发展起来。许多知识产品从本国输入其他国家,变成了人类共同的财富,促进了各国科学技术与文学艺术的交流与发展,从而也极大地推动了各国经济的快速发展。然而,知识产权的地域性限制,同技术、知识的国际交流活动之间产生了巨大的矛盾,从而产生了对法律调整的需要。为了适应这种要求,从 19 世纪末起,各主要资本主义国家先后成立了一些全球性或地区性的国际组织,签订了一些保护知识产权的国际公约,从而形成了一套国际知识产权保护制度。

知识产权保护既包括注册商标、服务标记、制造工艺、外观设计等"有形"的资产,也包括创意(新思想、新概念等)、商业秘密等"无形"的资产,而这种"无形"的资产尤其需要知识产权的保护。创意产业作为源自个人(或团体)创意、技巧及才华,通过知识产权开发与运作,具有创造财富及就业潜力的特点。该产业的核心价值在于创造性或创新性,是基于创作者个人(或团体)创意的一种智力成果,而知识产权正是主体对其创造性劳动成果依照相关法律法规所享有的垄断权利。对以创新思想、新概念、技巧和技术等知识智力密集型要素为核心的创意产业进行培育和发展,为其知识产权保驾护航,是推动这一产业的有效方式。掌握和分析创意产业发展中知识产权保护存在的问题及表现形式,是解决创意生产力转换和经济价值实现的重要途径。

二、知识产权保护战略

知识产权是权利人的无形财产,但世界上大多数国家(如英国等)普遍认为,从某种程度上说,知识产权也具有有形的财产价值。这种对于知识产权财产性的承认受到民法或刑法,或民、刑法的共同保护。知识产权在法律中主要表现为著作权、商标、专利产品、制造工艺或外观设计,甚至商业秘密等机密信息。

知识产权保护战略需要考虑的因素较多,以下是本书作者归纳的几个重要方面。

1. 法律武器的震慑

对于诸多保护因素而言,威慑力是其最基本的目标。具有威慑力的措施,会使试图违犯法律的人停止其行为,或是转向其他受法律保护性差的项目。对于那些侵权单位或个人,法律的震慑无疑是强悍的。权利人只要获取了确凿的侵权证据,就可以依靠法律的武器对侵权单位或个人实施制裁,而刑法或民法无疑是保护知识产权的有力武器。

2. 侵权信息的获取

快速、准确地获取侵权信息,是知识产权保护的有效方式之一。此项工作需要依靠专业机构及信息调查专家的参与和支持。对于调查目标,需要明确的信息收集,包括使用隐蔽信息资源、数据管理、网络搜索、出版物信息搜索、伪装购买、监视、商业分析、货物追踪及必要的法律执行等。同时,所采取的措施也需要随着其目标的改变及实际需求而不断修改更新。

3. 防范机制的建立

防范机制的建立,也是一种有效的知识产权保护战略。要构建从目标确定、信息收集、调查核实、与执法部门合作、提起民事和/或刑事诉讼等全过程监控的立体式防范系统,并伴随充分的信息宣传,形成快速、高效的"终极威慑力量",使侵权单位或个人不敢轻举妄动。

4. 公众意识的宣教

通过各种渠道制造出强大的舆论声势,大力宣传权利人对知识产权的保护工作的重视和保护力度,达到"街知巷闻"、"路人皆晓"的效果,使公众普遍意识到该产权单位(公司)或产权人正在或将要保护其知识产权。同时,要采用各种方式改变公众对知识产权的认知、理解,形成自觉意识。

三、知识产权保护措施

1. 知识产权保护的必要性

随着科学技术与世界经济的迅猛发展,人们越来越认识到,一国技术水平的提高以及本国经济的发展越来越离不开国际贸易,尤其是国际贸易中知识产权的转移。然而,现有的有关保护知识产权的国际公约已不能适应时代的需要,并且日益暴露出如下一些缺陷:

(1)国际标准的缺乏:以往的知识产权国际公约大多侧重国际知识产权保护程序方面的规定,而对各国实体法要求很少,或者说没有制定出一套知识产权保护的国际标准。

(2)偏重特定型产权:以往的公约缺乏对知识产权效力和范围的全面规定,大多侧重于某一特定类型的知识产权的规定。对于某些类型的知识产权,如商业秘密、计算机程序等,有关的公约也未涉及到。

（3）救济措施的缺乏：以往的公约侧重的是对知识产权取得的程序以及最低限度的保护要求方面的规定，而对于当侵权行为发生时，知识产权所有人和各国当局能够采取的救济措施则缺乏规定。另外，对于国际贸易中日益增多的各成员方关于知识产权的争端，以往的公约也没有规定出具体的解决办法。

针对以往公约的不足之处，以美国为首的发达国家认为应当讨论制定一项新的公约，以加强对知识产权的国际保护。经过多年艰苦的努力，关贸总协定乌拉圭回合多边贸易谈判终于达成了一个高水平、高标准的知识产权保护协定——《关于与贸易有关的知识产权协定》，并于 1995 年 1 月 1 日正式生效，这成为世贸组织规则的一个重要组成部分，其地位与《关贸总协定》和《服务贸易总协定》是平行的。

2. 知识产权保护国际条约

（1）保护工业产权国际条约：保护工业产权方面的最重要的国际条约是 1883 年签订的《保护工业产权巴黎公约》。以《巴黎公约》为中心，又签订了《制止商品产地虚假或欺骗性商标马德里协定》等 12 个工业产权方面的条约或协定。

3. 国际间专有技术的保护

（1）专有技术的概念：世界知识产权组织（WIPO：World Intellectual Property Organization）在《供发展中国家使用的许可证贸易手册》一书中对"专有技术"这一概念的解释是："诀窍的供应可以是一项协议的主题，以输送有关工业技术的使用和应用方面的技术情报和技能。技术情报和技能可在文件中说明或者通过口头或示范以及通过工程师、技师、专门人员或其他专家的训练而提供。诀窍也可以通过从事工厂及机器设备的基本设计安装、工厂的投产与维修、培训工厂人员或企业的经营管理和工商业活动的顾问或其他专家的服务和协助来提供。这样的专业知识也可以扩展到一项工程设计的投资前和投资后的阶段，包括有技术、经济、财政和组织机构的研究以及总体计划。"

（2）专有技术的特点：专有技术不同于专利和商标，它有以下特点：

①经济性：国际商会规定，专有技术必须能够完成工业实施的使命和为商业提供利润。也就是说，如果是一项工业上的专有技术，实施这项技术后，就能生产出产品。不能应用的技术就不能称为专有技术。专有技术不仅要适用，还要有经济价值。无经济价值就不能进入商业行列，也不能作为无形财产进行转让。

②保密性：专有技术是不公开的。凡是在报刊、杂志和出版物上公开的，为公众所知道的技术都不属于专有技术。在专有技术许可合同中，出让方往往会向受让方提出严格的保密条件，以保证专有技术的拥有权和技术持有人的垄断地位。

③历史性：任何专有技术都有一个研究、发展和形成的过程，也就是经验的积累过程。专有技术不是固定的，而是变化的，不同阶段其经济价值亦不一样。随着

时间的推移,专有技术的新颖性和适用性也在变化,发展到最后,专有技术将出现两个结局:一是被更先进的技术所淘汰;二是在原有的基础上更新和提高。因此,在签订专有技术许可合同时,受让方首先需要辨识专有技术的发展历史;然后,才能决定对此技术是否感兴趣;最后,才会考虑支付多少使用费。

4. 专有技术的转让和保护

(1)专有技术的转让:专有技术具有可转让性,而且它在国际技术转让活动中占有十分重要的地位。当前,国际上单纯的专利或商标的技术转让为数不多,大多数技术转让合同都是把专利或商标的使用权与专有技术结合在一起进行转让。其原因在于,一般关键技术并不在专利说明书中公开,而是以秘密的形式存在。如果只取得专利权,而不同时引进这部分保密的专有技术,就不能生产出合格的产品。近年来,我国从国外引进的技术中,大约有90%以上都含有专有技术。

(2)专有技术的保护:目前,对专有技术的保护与专利保护不同,因为世界各国都没有专门的保护专有技术的立法。国家所做的,是以立法的手段来确认,掌握和拥有专有技术的人有权采取保密措施以便占有该项技术。任何其他人均不得破坏该保密措施,窃取该项技术,而且占有人有权要求分享该项技术的人也要采取有效措施,以保持该项技术的秘密。

在国际技术转让中,专有技术的保护主要是通过双方协议的技术保密条款来实现的,技术引进方承担不泄露技术秘密的义务。如发生违约泄密之事,技术转让方有权起诉和要求引进方赔偿损失,这是对专有技术一种有效的保护方法。然而,这种保护措施很不完善,技术转让合同只能制约签约的双方,无法制约第三方。事实上,很可能发生这样的问题:即承担保密义务的一方实际上并没有违反合同而泄露技术秘密,但技术人员离开了原工作单位到另一单位去工作,将所知的技术秘密泄露给新工作单位或其他人员;或者某个第三方,在承担保密义务的一方毫不知情的情况下,采取不正当的手段窃取了技术秘密。对此,国外虽有侵权行为法和刑法对侵害专有技术的行为予以制裁,但都远不如对专利的保护那样完善和严密。正因为如此,不少国家已开始考虑制定保护专有技术的专门法律。比如英国拟制定的"保护秘密权利法",法国和日本也在研究制定"know – how 法"等。

5. 知识产权具体保护措施

知识产权保护是一项系统工程,需要多方面的合作与支持,特别是公众的参与。应该从组织、制度、法规、措施、执行、监控、宣传等诸多层面、立体化加以保护。经调研和对比分析,本书作者认为,采取以下几种措施可以有效地保护知识产权。

(1)建立知识产权保护组织

以世界知识产权组织为模式,建立国家级、区域性、行业性等多层次的知识产权保护组织。这些组织以适当的方式进行协作,通过制定保护公约、收集和共享资讯、建立信息服务、促进协作开发等;通过推选代表或与律师事务所联合起来共同应对侵权事宜,一同制裁侵权单位或个人,提高应对侵权事件的反应速度,高效处理侵权案件,使在知识产权保护组织中的每个成员不被诸多的侵权事件所累,能够集中精力发展各自的事业或业务。

例如:WIPO 是联合国下设的保护知识产权的专门机构,其宗旨是通过国家之间的合作,促进在世界范围内的知识产权的保护,保证和促进各联盟之间的行政合作。WIPO 是根据 1967 年 7 月 14 日在斯德哥尔摩签署的《建立世界知识产权组织公约》于 1970 年 4 月 26 日正式成立的。该组织是政府间国际组织,1974 年 12 月 17 日成为联合国组织系统下的 15 个专门机构中的第 14 个组织,总部设在日内瓦。WIPO 成立背景可以追溯到 1883 年的《保护工业产权巴黎公约》和 1886 年的《保护文学艺术作品伯尔尼公约》。根据这两个公约,分别成立有保护工业产权巴黎联盟和保护文学艺术作品伯尔尼联盟,在两个联盟之下又分别设立国际局等。

(2)制定保护公约或条例

制定保护公约或条例是实现知识产权保护的有效措施之一。借鉴知识产权保护国际条约(保护工业产权、版权等国际条约)的模式,制定并完善区域性、行业性知识产权保护条约或条例,有效防范侵权案件的发生。一旦出现侵权事件,能够依照有关公约或条例进行处置,将损失尽量减小至最低程度。

2008 年 6 月 5 日,我国国务院印发了《国家知识产权战略纲要》(以下简称《纲要》),这标志着中国知识产权战略正式启动实施。国家知识产权战略是国家的总体发展战略之一,《纲要》从国家总体发展的战略高度,明确了到 2020 年将中国建设成为知识产权创造、运用、保护和管理水平较高的国家的目标;确定了"激励创造、有效运用、依法保护、科学管理"十六字的指导方针;突出了完善知识产权制度等战略重点;部署了实施知识产权战略的总体任务,确定了七大专项任务和九个方面的重点举措。知识产权战略是我国运用知识产权制度促进经济社会全面发展的重要国家战略,《纲要》是这一战略的纲领性文件,也是今后较长一段时间内指导我国知识产权事业发展的纲领性文件。我国各区域、各行业应根据《国家知识产权战略纲要》的精神,采取有力措施,有效保护相应的知识产权。

(3)构建产权保护监控系统

构建知识产权保护监控网络系统,该系统包括目标确定、信息收集、调查核实、与执法部门合作、提起民事和/或刑事诉讼等全过程监控,完善侵权的立体式防范机制。一旦发现侵权,能够快速、准确地获取侵权证据,借助于刑法或民法武器,与执法部门合作,有的放矢地对侵权单位或个人实施制裁。这种融合了保护组织、监控网络、公检执法、快速反馈等特点的保护措施,会给侵权者以极大的震慑警示,使其不敢轻举妄动。

2007 年 9 月,在厦门召开的"海外知识产权保护论坛"上,中国商务部已启动知识产权海外维权机制的筹备和建设工作。如果未来中国的企业在海外遭遇知识产权纠纷,中国政府可以发挥更大的作用。这项工作将以政府为主导,由企业、行业中介组织、研究部门和驻外经商机构共同参加,总体目标是为中国企业的海外知识产权保护和维权提供更有力的支持和更全面的服务,根据企业规模、性质的不同,该机制的援助作用也不尽相同。

对于中小企业,该机制的目标是扶持中小企业进行海外知识产权注册申请和维权,促使企业树立"产品未动,知识产权先行"的观念,避免无权可维的局面,而对于拥有自主知识产权的大中型企业,该机制将协助其进行海外知识产权战略布局。此外,还将建立海外知识产权服务信息系统。中国商务部及驻外经商机构网站和中国保护知识产权网资源,将争取利用建立知识产权投诉服务热线契机,建立有关国家知识产权保护法律法规数据库,为中国的企业、行业协会和政府有关部门的工作提供支持。该机制还将考虑对中国企业海外知识产权注册和海外知识产权纠纷法律服务提供支持,建立评估、选择、跟踪和监管体系,对象是具有创新、品牌和国际开拓潜质、实力的企业,和涉及中国知识产权重大利益,或中小企业自主知识产权造成重大损害和影响的纠纷。

(4)全方位多层次宣传教育

相对而言,我国目前的经济发展方式尚处在较为粗放、自主创新能力不够强的阶段,主要不足在于核心技术和知名品牌的缺乏。在这样的背景下,对公民进行全方位多层次的知识产权教育,提升公民的维权意识,保护并发展民族知名品牌显得尤为迫切。

我国当今的经济仍然主要处于资源经济阶段,尚未完全进入知识经济阶段,知识产权的概念及重要性尚未能够在我国普及。由于文化建设相对落后于经济建设,加上改革开放后外来观念对固有思想的过度冲击,导致谋求发展的思想已经扎根于公民的观念之中,而对知识产权的认识和应有的尊重尚未深入人心,保护知识产权的理念较发达国家还有待提高。在利益的驱使下,各种侵犯知识产权的行为屡见不鲜。因此,我国知识产权保护工作需要长期不懈的坚持并不断加以完善。

对于知识产权保护不尽完善这种现象,加强宣传和教育是关键。要想让知识产权的观念深入人心,绝非一朝一夕之功,而是需要长期的努力。由政府带头组织工作,社会各界紧密配合,全方位地、有计划地推行各项宣传教育政策。随着经济的发展和国际交流的增加,知识产权的观念也伴随着知识经济的浪潮而逐渐扩展开来。相信经过一段时期的努力,必能让知识产权的观念扎根于国人心中。

四、中国知识产权保护

中国是一个有着悠久文明历史的国家。中华民族蕴藏着极大的创造性,她创造的灿烂文化对人类文明的进程产生过深刻的影响。数千年来,中国众多杰出的科学家、发明家、文学家、艺术家,曾以其辉煌的智力劳动成果为人类文明发展做出过巨大的贡献。

1. 基本立场和态度

伴随着人类文明与商品经济发展,知识产权保护制度诞生了,并日益成为各国保护智力成果所有者权益、促进科学技术和社会经济发展、进行国际竞争的有力的法律措施。由于历史上的各种原因,从整体上看,中国知识产权制度的建设起步较晚。在改革开放的推动下,中国知识产权立法速度之快,也是史无前例的。从20世纪70年代末到如今,中国做了大量卓有成效的工作,已经建立起了比较完整的知识产权保护法律体系,在知识产权的立法和执法方面取得了举世瞩目的成就。

1980年3月3日,中国政府向世界知识产权组织递交了加入书。从1980年6月3日起,中国成为世界知识产权组织的成员国。此后,《中华人民共和国商标法》、《中华人民共和国专利法》、《中华人民共和国民法通则》(知识产权作为一个整体首次在中国的民事基本法中被明确)、《中华人民共和国著作权法》、《中华人民共和国反不正当竞争法》、《实施国际著作权条约的规定》、《中华人民共和国技术合同法》、《中华人民共和国科学技术进步法》等陆续颁布实施。中国坚持“有法可依,有法必依,执法必严,违法必究”的法制原则。为贯彻落实这一原则,中国在健全、完善法律制度,严肃执法、坚决打击侵权违法行为的同时,针对知识产权制度在中国建立的时间较短、公民的知识产权意识比较薄弱等情况,大力开展知识产权保护的法制宣传教育,并加速知识产权领域专业人员的培训。在中国,每一部知识产权法律的颁布,都有广播电台、电视台和报刊等新闻传媒广为宣传,并大量出版单行本和有关录像教育片等。同时,各级政府有关部门通过举办法律知识讲座、培训班等,在广大公民中迅速普及知识产权法律知识。

2. 建立法律法规体系

中国根据国情和国际发展趋势制定和完善各项知识产权法律、法规,至今已形成了有中国特色的社会主义保护知识产权的法律体系。中国知识产权的保护范围和保护水平逐步同国际惯例接轨,已对知识产权实行高水平的法律保护。中国具有完备的知识产权保护法律措施。中国的知识产权法律规定了违反法律规定的行为应承担的法律责任,包括民事责任、行政处罚和刑事责任。

中国的专利法规定,对专利侵权行为,专利权人或者利害关系人可以请求专利管理机关进行处理,也可以直接向人民法院起诉。专利管理机关处理的时候,有权责令侵权人停止侵权行为,赔偿损失。对于将非专利产品或非专利方法冒充专利产品或专利方法的,由专利管理机关责令停止冒充行为,公开更正,并处以罚款。对于假冒他人专利情节严重的,对直接责任人员,比照刑法的有关规定追究刑事责任,即可以对直接责任人员,处三年以下有期徒刑、拘役或者罚金。

中国的著作权法规定,对于未经著作权人许可发表其作品的;未经合作作者许可,将与他人合作创作的作品当自己单独创作的作品发表的;没有参加创作,为谋取个人名利,在他人作品上署名的;歪曲、篡改他人作品的;未经著作权人许可,以各种方式使用其作品的;使用他人作品,未按规定支付报酬的;以及未经表演者许可,从现场直播其表演等侵权行为,应当根据情况,承担停止侵害、消除影响、公开赔礼道歉、赔偿损失等民事责任。对剽窃、抄袭他人作品的;未经著作权人许可,以营利为目的;未经录音、录像制作者许可,复制发行其制作的录音录像等侵权行为,根据情况,应承担民事责任,并可以由著作权行政管理部门给予没收非法所得、罚款等行政处分,对于侵犯著作权以及与著作权有关的权益的行为,当事人也可以直接向人民法院起诉。对于那些严重危害社会秩序,侵害著作权人及其他权利人合法权益的违法行为,情节严重构成犯罪的,可以根据有关法律,对侵权犯罪的行为人追究刑事责任。

3. 完备保护执法体系

中国不仅制定了一整套知识产权法律法规,在执法方面也是严肃公正的,并取得了显著的成效。中国在执行知识产权法律法规方面所取得的成效,首先归因于知识产权法律中规定了完备的知识产权保护的司法途径与知识产权保护的行政途径。在中国,享有知识产权的任何公民、法人和其他组织,在其权利受到侵害时,均可依法向人民法院提起诉讼,享受切实有效的司法保护。人民法院依法独立行使审判权,只服从法律,不受任何其他行政机关、社会团体和个人的干涉。

知识产权是一项重要的民事权利,对于民事侵权行为,人民法院除可以依法责令侵权人承但停止侵害、消除影响、赔礼道歉、赔偿损失等民事责任外,还可依法对行为人给予必要的没收非法所得、罚款、拘留等制裁。依据中国行政诉讼法,人民法院对公民、法人和其他组织因不服知识产权行政管理机关处理的知识产权纠纷决定提起的行政诉讼,有责任进行审理,并依法作出维持、撤销或变更行政决定的判决。中国的知识产权保护制度,除按国际惯例采取司法途径外,从中国现实的国情出发,中国的专利法、商标法、著作权法等知识产权法律中都规定了知识产权保护的行政途径。中国知识产权行政管理机关依据法律规定的职权,维护知识产权以法律秩序,鼓励公平竞争,调解纠纷,查处知识产权的侵权案件,保障广大人民群众的利益和良好的社会经济环境。中国知识产权行政管理机关依据中国法律和中国加入或缔结的有关国际公约,坚持在适用法律上的国民待遇原则和对等原则,依法对外国人的知识产权进行保护。

改革开放的中国日新月异,中国已步入了知识产权领域世界领先水平国家的行列。尽管如此,中国并不满足于已有的成就,中国作为一个发展中国家,在完善知识产权制度方面还有许多工作要做。中国在建立和完善知识产权制度的过程中,得到了世界知识产权组织和国际知识产权界的积极帮助。中国将继续积极推进知识产权领域的国际合作,并一如既往地积极参加有关国际组织的活动,履行知识产权领域各项国际条约和协定中应尽的义务。中国愿意在和平共处五项原则的基础上,根据平等互利原则与世界各国继续合作,为完善和发展国际知识产权制度共同努力,作出积极的贡献。

第三节　学术腐败综合治理

一、学术腐败概述

(一)学术腐败概念

学术腐败,是指从事科研的有关单位或人员实施背离科研准则和规程的行为及事实。学术腐败有广义和狭义之分。

1. 广义学术腐败

广义学术腐败是指学术界中的一些集体或个人为了谋取小团体利益或个人利益,采取不正当的手段,实施违反学术道德、违背学术良知的行为及事实。

2. 狭义学术腐败

狭义学术腐败是指在学术活动领域中,拥有学术权力的人(如某些公职人员)为谋取个人私利或集团利益,滥用权力实施违反学术道德、违背学术良知的行为及事实。这通常是指公职人员滥用权力谋取与学术相关的私利行为,即以公权换取学术方面的私利。

(二)学术腐败形式

学术腐败形式多样,以抄袭剽窃、弄虚作假和低水平重复最为明显。

1. 抄袭剽窃

抄袭剽窃是一种极为常见的学术腐败现象,是对科研规范破坏力极大的一种学术腐败现象。其具体表现方式有:

（1）拿来式：有的人采取拿来主义，对于他人的文章，内容原封不动，文章标题稍作修改，文章作者则换上自己的大名；也有采用"洋为中用"或"古为今用"的，即将国外的或古代的研究成果，翻译或转移过来，以自己的名义出版、发表。

（2）拼凑式：即所谓的组装法。在高校中经常会听到这样一句话："天下文章一大抄，就看你会不会抄。"有的人将他人的观点或部分内容进行强行拼凑，或找来相关主题的论文后，采取剪刀加浆糊的方式东拼西凑，组装成所谓的新成果。

（3）强占式：有的人依仗自己的地位、权势或掌握科研经费等"优势"，对实际的科研工作和成果做出的贡献很少或几乎没有，但却借势占有他人的研究成果。如科研论文、专利申报以及成果申报奖项中的不规范（或强行）署名等，即"大毛领衔儿，小毛加塞儿，做事在中间，外带是搭车"等不良现象。

2. 弄虚作假

弄虚作假也是一种较为普遍的学术腐败现象，对倡导科学精神及建立学术秩序产生的负面影响极大。其具体表现方式有：

（1）无中生有：有的人心浮气躁，没有全身心地投入到学术研究中，但是为了达到预期成果，伪造或篡改实验或调查数据等，凭空捏造根本不存在的科学事实。故意隐瞒、歪曲事实进行所谓的注释（即作伪注）也属于此类行为。

（2）急功近利：某些人为追求名利，或者被所谓的崇高荣誉所累，以至于不惜违背学术规范铤而走险，捏造一些所谓的"科学发现"，最终成为不能承受之重。那些凭借剪裁现成文献的手段拼凑而成的论文，亦属此类。

（3）利益交易：为了能够在短时间内将自己的论文数量提升至满足学术评定中的需要，某些利益相关者之间相互勾结，通过实施不规范的学术操作达到"利益交易"的目的。如项目评审中的"相互帮助"，项目鉴定中的"互相吹捧"，论文或论著中的"相互署名"等，均属此类。

（4）代写论文：有些人为沽名钓誉而雇用他人代写论文，或者为某种利益而代替他人撰写论文，这些均属于代写论文的行为。代写论文情况多发生于具有某种特权的人物身上。对此，有关学术机构应严格把关，并采取有效措施加以防范。

3. 低水平重复

一些学者出于某种利益考虑，对自己的学术产品不是以创新、以知识、学术领先为出发点，而是以数量为出发点，化旧为新，搞泡沫学术。其具体表现方式有：

（1）粗制滥造：未进行认真、精心的科研工作，匆忙而不负责任地推出所谓的"科研成果"（如研究报告、论文、器件及样机等）；或者是低级重复，其研究工作仅在低水平上重复等。

（2）好高骛远：有些作者自身的研究积累不足，但却要出版所谓的"大部头"著作或"高水平"文章。于是,有的文章越写越多,且越来越长;有的书越出越多,且越来越厚;但新思想、新观点、新发现等却很少,其"作品"缺乏创新性、学术性和思想性,这基本属于好高骛远之列。

(3)一稿多投:为增加个人学术成果数量而一稿多投,或将内容无实质差别的成果改头换面作为多项成果发布。将原本属于一篇文章的内容拆分开来,当成两篇或多篇文章加以投稿,也属此类。

二、学术腐败示例

诚然,科学研究要求从事科学研究的人和组织必须尊重客观规律,实事求是,这是科研工作者的基本准则。然而,在科学与真理同行之中,也掺杂着一些令人震惊的丑行。

学术腐败是一个国际性的现象,表现形式亦具有多样性。其产生的原因既有科学研究中的失误,也有人为原因所致,而后者是主要的,它干扰了严格的科学实验的进行。一些人对所谓的"新发现"盲目乐观和狂热,为了成名而哗众取宠,为了获取经费而对课题(包括论文)急于求成,为了论战而醉心于新闻宣传,为了一己私利而不惜打压他人甚至剽窃其成果,以至于违背公认的科学研究准则,不切实际地向传媒渲染自己取得了科学的"重大进展"和具有的"伟大意义"。这种非科学的态度是一种"病态",而某些对科学不甚了解的新闻记者,则以猎奇的心态不断在报章上制造轰动效应,从而使这种"病态"进一步升级而变得越发癫狂,误导公众视听。科学界的这些学术腐败都曾经严重地损害了科学研究的严肃性,也严重地影响了科学研究的正常开展,甚至阻碍了科学的进步。以下所摘编的 10 个典型的震惊世界的科学骗局案例是学术腐败的代表性事件,这些事件令人震惊,促人深思,应引以为戒。

1. 无中生有的案例

无中生有是学术腐败的最典型现象,也是对学术规则侵害最严重的形式之一。黑鼠皮移植事件即属此类经典事例。

20 世纪 70 年代初,美国纽约斯大隆—克特林研究所的科学家威廉·萨默林声称,他成功地将黑老鼠的皮移植到了白老鼠身上。这表明:萨默林似乎找到了不用免疫抑制药物就能避开排异反应的方法。对于器官移植而言,这一发现具有重要意义。1974 年,萨默林的造假行为被揭露,实验室中一位善于观察的助手注意到,小白鼠背上的黑色斑点能被洗掉,其原因在于该黑色斑点是萨默林借助于一支黑色的毡制粗头笔的"杰作"。黑色斑点洗掉了,戴在萨默林头上的光环以及其他一切也同时被洗掉了。后来,萨默林承认了这一切,但却以工作繁重为借口替自己辩护。最后,他被判定犯有行为不端罪。萨默林事件引起学术界强烈震动,许多报刊将这一丑闻称为"美国科学界的水门事件"。

2. 数据作假的案例

数据作假是学术腐败的典型现象,也是对学术规则侵害最经常的形式之一。舍恩造假事件即属此类经典事例。

2002 年 11 月 1 日,美国《科学》杂志刊登了美国物理学家舍恩及其 8 名合作者的简短声明,宣布撤销 2000～2001 年期间在《科学》杂志上发表的 8 篇论文。这8 篇论文的第一作者都是舍恩,内容涉及有机晶体管、超导装置和分子半导体等成果。舍恩时年 32 岁,曾在学术刊物上发表了近 90 篇论文,一度被认为是诺贝尔奖的候选获奖者。但舍恩的研究结果遭到一些同行的质疑,贝尔实验室为此邀请 5名专家进行调查。专家们得出的调查结论认为,舍恩至少在 16 篇论文中捏造或篡改了实验数据,而他的合作者们都是无辜的,对此毫不知情。舍恩大规模造假的原因在于他有强烈的名利心,希望通过抢先发表一些猜想而获取荣誉,但最终却身败名裂。"舍恩事件"被认为是当代科学史上规模最大的学术造假丑闻之一。

3. 抄袭剽窃的案例

抄袭剽窃是学术腐败的典型现象,也是对学术规则侵害最严重的形式之一。艾滋病发现权事件即属此类经典事例。

1983 年,法国巴斯德研究所的蒙特尼尔教授,从一名患淋巴结核病变的同性恋者身上提取了一种病毒(即艾滋病病毒),并将研究结果发表在美国的《科学》杂志上。1984 年 5 月,《科学》杂志又发表了美国国立癌症研究所研究员盖洛的文章,称盖洛等人首次从 48 名艾滋病患者体内分离出了大量的病毒,并强调他们是独立发现的。蒙特尼尔马上发表声明,认为盖洛研究的艾滋病病毒的血样是他寄给盖洛的,并指责盖洛剽窃他的科研成果。此事虽经美国总统和法国总理希拉克于 1987 年双边调停,达成所谓的两国共享优先发现权,但争论依然未休。于是,《芝加哥论坛报》进行了 3 年的调查,证实盖洛所发表的论文依据是法国送的血样。最终,《科学》杂志和法国几个研究所的联合调查均给出了令人信服的证据,使盖洛不得不向世人认错,法国的蒙特尼尔教授最终取得了艾滋病病毒发现权,维护了科学研究的正义。

4. 急功近利的案例

急功近利是学术腐败在当今社会逐渐发展起来的一种现象,也是对学术规则产生侵害的形式之一。克隆干细胞造假事件即属此类经典事例。

2006 年 1 月,韩国首尔大学教授、全球知名的生命科学家黄禹锡,在"世界上首先培育成功人类胚胎干细胞和用患者体细胞成功克隆人类胚胎干细胞",并发表论文宣布"成功利用'体细胞核转移'技术克隆出世界上第一条克隆狗"的学术欺诈行为被曝光,这位"民族英雄"一夜之间成为"科学骗子"。从一定意义上说,"急功近利"的社会文化是产生"黄禹锡事件"的深层土壤。某些人被荣誉推着、赶着往前跑,被光环照得心慌意乱,被所谓的崇高荣誉所累,成为不能承受之重。

黄禹锡故意捏造科学数据制造学术假案,显然并非为了评职称、升职位或者出人头地、名满天下。因为鉴于他之前在克隆研究方面取得的成果,他已经拥有了韩国"克隆之父"等闪亮的光环。遗憾的是,恰恰就是这些耀眼的"光环",在很大程度上成了促使黄禹锡造假的主因。黄禹锡从辉煌走向深渊,这种大起大落不仅对于黄禹锡本人是一次沉重的打击,而且让整个韩国科学界为之蒙羞,更让人类的克隆科学研究遭受了重创。这起科学造假事件既让人震惊,又难免让人为之扼腕!

三、学术腐败治理

学术腐败治理是一个系统工程,需要全社会各阶层的人士参与,并需要职能部门的干预。

(一)学术腐败治理的重要性

对于学术腐败、学术不端和学术失范等科研违规问题,近年来除了来自学术界的批评之外,新闻界也给予了诸多报道,有关学术侵权的案例已屡见不鲜。

就学术规范和学术研究环境而言,学术腐败、学术不端、学术失范三者对其破坏程度是不尽相同的。前二者存在主观的故意,而后者则存在一定程度的主观失误。要防范和纠正学术失范,在严格学术规范训练的同时,还应当强化学术规范教育。要防范和纠正学术不端,除加强学术规范教育之外,亦应加大行政处罚力度,使之遵守学术规则。对于防范和治理学术腐败,除上述举措之外,必须加强法治力度,使之敬畏学术规则。

在我国,加大治理学术腐败力度具有如下的重要意义。

1. 有利于净化学术空间和环境,重塑学术神圣权威

目前,由于体制的不健全,法律法规的不完善,诚信机制尚未发挥出应有的约束,使得诸如权学交易、钱学交易、程序不公等学术腐败现象仍有一定的滋生市场。因此,加大治理学术腐败力度,对于净化学术空间和环境,重塑学术神圣权威具有十分重要的意义。

从事科学研究和技术开发,需要和谐的学术空间和公平的竞争环境,学术神圣要求每个科研工作者和技术开发人员,严谨务实,崇尚真理,诚信守则,探索奉献。神圣者,不可侵犯也。视学术神圣者,将视学术研究为第一事业,视学术规则为第一要件,视探索真理为第一追求,视学术腐败为第一耻辱,视学术生涯为第一乐事。

2. 有利于增强我国自主创新能力，建设创新型国家

创新是科学研究的基础，良好的学术环境有利于研究者做好创新性工作。学术腐败现象容易污染学术环境，败坏学术风气，因此亦会严重影响自主创新的开展。加大治理学术腐败力度，将有利于构建创新的研究机制和科研环境，为国内的研究者实现自主创新提供一个良好的发展平台，促进创新成果不断推出，同时亦会促进其广泛应用，最终促进国家的自主创新能力的提高与创新型国家的建设。

3. 有利于弘扬学术道德观念和学术文化，提高产权意识

加大治理学术腐败力度，弘扬以创新为荣、剽窃为耻，以诚实守信为荣、假冒欺骗为耻的学术道德观念，营造尊重知识、遵守规则、崇尚创新、诚信守法的学术文化，努力提高全社会的知识产权意识。知识产权制度是当代市场经济体制的重要基础。实施知识产权战略，完善知识产权制度，必将有助于规范市场秩序和建立诚信社会。要加强对科技工作者诚实的科学精神、科学方法和科学思想的教育，营造诚信的科研学术氛围。

4. 有利于增强我国自主创新能力，建设创新型国家

加大治理学术腐败力度，有利于完善市场经济体制，增强企业市场竞争力和提高国家核心竞争力。健全知识产权制度，可以有效保障创新成果收益，激励创新，加速信息传播，优化配置市场创新资源。通过设计、组织并实施知识产权战略，把在创建过程中形成的原始创新能力、系统集成创新能力和引进消化吸收再创新能力转变为企业参与市场竞争的能力和国家的核心竞争力，促进自主创新成果的知识产权化，引导企业实现知识产权的市场价值，推动企业成为知识产权创造和运用的主体。

5. 有利于扩大对外开放，实现国际间的互利共赢

加大治理学术腐败力度，有利于扩大对外开放，实现国际间的互利共赢。学术研究具有国际性，不能封闭在国内的小圈子里，扩大国际间的学术交流，有效地保护知识产权，已经成为国际经贸合作的重要议题。有效地治理学术腐败，有利于加快我国科技进步的步伐，提高自主创新能力，增强我国的综合实力；有利于在开放、创新的环境中有效吸纳利用国际创新资源；有利于我国的创新成果走向世界；有利于保护知识产权，与世界各国共同开发智力资源，共享科技创新成果。

(二)学术腐败综合治理措施

目前，学术腐败引起的种种弊端以及在社会上产生的恶劣影响早已为广大科技工作者所深恶痛绝，也引起了公众的强烈不满。国家有关职能部门对此也给予了高度关注，并且正在采取各种措施对学术腐败现象加以遏止，努力消除其不良影响。对于因为学术腐败而导致的司法纠纷以及侵权处理案件，相关媒体也时有报

道。我国的学术腐败虽然一时还难以根除,但治理学术腐败的法律法规正在日益完善,学术研究的环境也正向良好的方向发展。因此,我们有信心期待一个规范有序、宽松和谐的学术研究环境终将建立起来。

为了实现上述目标,需要推出一系列治理学术腐败的具体措施。本书作者根据自身的科研经历和管理经验,现总结、归纳出如下几项措施与同仁商榷。

1. 应建立健全学术成果的评审和推出机制,堵住不规范操作漏洞

通过采取回避制度,避免"既是教练员又是运动员"的情况出现;通过采取同行专家匿名评审方式,解除同事、上下级、熟人以及同行之间不应有的干预。

2. 应建立健全学术反腐监控机制,构建完善的学术反腐监控与反馈系统

通过聘请资深专家进行"学术督察",通过培训专业稽查骨干进行"学术检查",采取定期和不定期抽查等方式进行"学术会诊",及时发现并纠正学术失范现象,及时阻止学术不端行为,有效遏制学术腐败事件的发生。

3. 应建立健全学术惩戒机制,使违规者不敢触犯学术规范的底线

通过制定完善的学术道德行为规范,同时依靠法律武器(刑法或民法)对侵权单位或个人实施有力的制裁。通过典型案例的宣讲,震慑那些试图越过学术规范雷池的"侵权者"。

2001 年中国科学院制定了《中国科学院科学道德自律准则》,2004 年 6 月 22日,教育部社科委通过《高等学校哲学社会科学研究学术规范》,2006 年 5 月,教育部成立了学风建设委员会。国内一些高校也相应制定了《学术道德规范》或《学术道德行为规范》。

4. 应建立学术举报制度,这是实施学术惩戒的前提

科研论文中提出的新观点、新思想、新方法、新技术、新产品等,是作者的科研劳动成果,是科技成果知识产权的拥有者。对于那些论文剽窃者以及无视论文科学价值、经济价值及社会意义的故意贬低者,应及时举报,使其受到及时处理。

5. 加强学术规范宣传教育,营造良好的学术氛围

应利用各种宣传工具,加强学术规范和学术伦理有关的正面引导和教育,提倡学术批评与反批评,大力宣传学术规范,剖析各种学术腐败现象。有关职能部门的领导,要把学术反腐当作系统工程来抓,发现一例就坚决处理一例。通过综合治理,营造良好的学术氛围。

6. 应让学术导师以身作则,在学术反腐中起表率作用

要把住自己的门,管好自己的人。即学术导师要严肃执行学术规范,严格学术管理制度;对所领导的助手、指导的学生(研究生、博士生等)要进行学术把关,严防学术腐败事件的发生。

【思考与习题】

1. 什么是知识产权？它有何特点？

2. 什么是工业产权？它包括哪些专用权？

3. 什么是版权？版权包括哪些专有权？

4. 简述知识产权保护的含义。

5. 什么是知识产权保护战略？它包括哪些方面的内容？

6. 举例说明保护知识产权需要采取哪些措施？

7. 什么是学术腐败？它有哪些表现形式？

8. 简述你对科研工作者道德观念的理解和认识。

9. 试论学术腐败对科学研究和技术发明的危害性。

10. 如何建立起学术反腐的长效机制？

11. 比较学术腐败、学术不端、学术失范之间的差异并提出防范措施。

12. 调查并收集国内外学术腐败的典型案例，从中引以为戒。

13. 试论学术腐败综合治理的重要意义及应采取的措施。

14. 为什么说知识产权已成为影响国家发展的重要因素？

15. 谈谈学习本课程后的心得体会、改进课程意见和建议。

主要参考文献

［1］张伟刚著. 科研方法论［M］. 天津:天津大学出版社,2006 年 9 月第 2 版.

［2］［英］W. I. B. 贝弗里奇著,陈捷译. 科学研究的艺术［M］. 北京:科学出版社,1979 年 2 月.

［3］袁方主编. 社会研究方法教程［M］. 北京:北京大出版社,1997 年 2 月.

［4］张伟刚. 纤栅式传感系列器件的设计及技术研究［M］. 博士学位论文,天津:南开大学,2002 年 4 月.

［5］张伟刚编著. 光纤光学原理及应用［M］. 天津:南开大学出版社,2008 年 4 月.

［6］宗占国主编. 现代科学技术导论［M］. 北京:高等教育出版社,2004 年 8 月第 3 版.

［7］宋德生,李国栋著. 电磁学发展史. 南宁:广西人民出版社［M］,1987 年 4 月.

［8］Zhang Weigang. Measurement of Collectivity of Collective Flow in Relati-vistic Heavy-Ion Collisions Using Particle Group Correlations. Physical Review, 1998, C58:3560 ~3564.

［9］Weigang Zhang, Xiaoyi Dong, Dejun Feng et al. Linearly fiber grating-type sensing tuning by applying torsion stress. Electronics Letters, 2000, 36 (20):1686 ~1688.

［10］张伟刚,严铁毅. 市场场的基本规律初探. 广西高教研究［J］,1995,3:86 ~91

［11］严铁毅,卢红. 广西工学院新生 SCL－90 心理测试结果分析［J］. 中国学校卫生,2002,23(Suppl):53 ~54.

［12］张伟刚等. 光纤光栅传感器的理论、设计及应用的最新进展［J］. 物理学进展,2004,24 (4):398 ~423.

［13］中华人民共和国国务院新闻办公室.《中国知识产权保护状况》白皮书,1994 年 6 月.

郑 重 声 明

为保护广大读者的合法权益,打击盗版,本图书已加入全国质量监督防伪查询系统,采用了数码防伪技术,在每本书的封面均张贴了数码防伪标签,请广大读者刮开防伪标签涂层获取密码,并按以下方式辨别所购图书的真伪:

电话查询:8007072315

短信查询:编辑 FW+密码发送至 1066916018

网站查询:www.707315.com

如密码不存在,发现盗版,可直接拨打 13121868875 进行举报,经核实后,给予举报者奖励,并承诺为举报者保密。